"十四五"国家重点出版物出版规划项目
青少年科学素养提升出版工程

中国青少年科学教育丛书
总主编　郭传杰　周德进

科学的足迹

王聪 编著

浙江教育出版社·杭州

图书在版编目（CIP）数据

科学的足迹 / 王聪编著. -- 杭州：浙江教育出版社，2022.10（2024.5重印）
（中国青少年科学教育丛书）
ISBN 978-7-5722-3257-2

Ⅰ. ①科… Ⅱ. ①王… Ⅲ. ①科学史－世界－青少年读物 Ⅳ. ①G3-49

中国版本图书馆CIP数据核字(2022)第048887号

中国青少年科学教育丛书
科学的足迹
ZHONGGUO QINGSHAONIAN KEXUE JIAOYU CONGSHU
KEXUE DE ZUJI

王聪　编著

策　　划	周　俊		责任校对	谢　瑶
责任编辑	洪　滔		营销编辑	滕建红
责任印务	曹雨辰		美术编辑	韩　波
封面设计	刘亦璇			

出版发行	浙江教育出版社（杭州市环城北路177号　电话：0571-88909724）
图文制作	杭州兴邦电子印务有限公司
印　　刷	杭州富春印务有限公司
开　　本	710mm×1000mm　　1/16
印　　张	11.25
字　　数	225 000
版　　次	2022年10月第1版
印　　次	2024年5月第3次印刷
标准书号	ISBN 978-7-5722-3257-2
定　　价	38.00元

如发现印、装质量问题，请与我社市场营销部联系调换。联系电话：0571-88909719

中国青少年科学教育丛书
编委会

总主编：郭传杰　周德进

副主编：李正福　周　俊　韩建民

编　委：（按姓氏笔画为序排列）

马　强　沈　颖　张莉俊　季良纲

郑青岳　赵宏洲　徐雁龙　龚　彤

总序

  高度重视科学教育,已成为当今社会发展的一大时代特征。对于把建成世界科技强国确定为21世纪中叶伟大目标的我国来说,大力加强科学教育,更是必然选择。

  科学教育本身即是时代的产物。早在19世纪中叶,自然科学较完整的学科体系刚刚建立,科学刚刚度过摇篮时期,英国著名博物学家、教育家赫胥黎就写过一本著作《科学与教育》。与其同时代的哲学家斯宾塞也论述过科学教育的重要价值,他认为科学学习过程能够促进孩子的个人认知水平发展,提升其记忆力、理解力和综合分析能力。

  严格来说,科学教育如何定义,并无统一说法。我认为科学教育的本质并不等同于社会上常说的学科教育、科技教育、科普教育,不等同于科学与教育,也不是以培养科学家为目的的教育。究其内涵,科学教育一般包括四个递进的层面：科学的技能、知识、方法论及价值观。但是，这四个层面并非同等重要，方法论是科学教育的核心要素，科学的价值观是科学教育期望达到的最高层面，而知识和技能在科学教育中主要起到传播载体的功用，并非主要目的。科学教育的主要目的是提高未来公民的科学素养，而不仅仅是让他们成为某种技能人才或科学家。这类似于基础教育阶段的语文、体育课程，其目的是提升孩子的人文素养、体能素养，而不是期望学生未来都成为作家、专业运动员。对科学教育特质的认知和理解，在很大程度上决定着科学教育的方法和质量。

科学教育是国家未来科技竞争力的根基。当今时代，经历了五次科技革命之后，科学技术对人类的影响无处不在、空前深刻，科学的发展对教育的影响也越来越大。以色列历史学家赫拉利在《人类简史》里写道：在人类的历史上，我们从来没有经历过今天这样的窘境——我们不清楚如今应该教给孩子什么知识，能帮助他们在二三十年后应对那时候的生活和工作。我们唯一可以做的事情，就是教会他们如何学习，如何创造新的知识。

在科学教育方面，美国在 20 世纪 50 年代就开始了布局。世纪之交以来，为应对科技革命的重大挑战，西方国家纷纷出台国家长期规划，采取自上而下的政策措施直接干预科学教育，推动科学教育改革。德国、英国、西班牙等近 20 个西方国家，分别制定了促进本国科学教育发展的战略和计划，其中英国通过《1988年教育改革法》，明确将科学、数学、英语并列为三大核心学科。

处在伟大复兴关键时期的中华民族，恰逢世界处于百年未有之大变局，全球化发展的大势正在遭受严重的干扰和破坏。我们必须用自己的原创，去实现从跟跑到并跑、领跑的历史性转变。要原创就得有敢于并善于原创的人才，当下我们在这方面与西方国家仍然有一段差距。有数据显示，我国高中生对所有科学科目的感兴趣程度都低于小学生和初中生，其中较小学生下降了9.1%；在具体的科目上，尤以物理学科为甚，下降达18.7%。2015年，国际学生评估项目（PISA）测试数据显示，我国15岁学生期望从事理工科相关职业的比例为16.8%，排全球第68位，科研意愿显著低于经济合作与发展组织（OECD）国家平均水平的24.5%，更低于美国的38.0%。若未来没有大批科技创新型人才，何谈到本世纪中叶建成世界科技强国！

从这个角度讲，加强青少年科学教育，就是对未来的最好投资。小学是科学兴趣、好奇心最浓厚的阶段，中学是高阶思维培养的黄金时期。中小学是学生个体创新素质养成的决定性阶段。要想30年后我国科技创新的大树枝繁叶茂，就必须扎扎实实地培育好当下的创新幼苗，做好基础教育阶段的科学教育工作。

发展科学教育，教育主管部门和学校应当负有责任，但不是全责。科学教育是有跨界特征的新事业，只靠教育家或科学家都做不好这件事。要把科学教育真正做起来并做好，必须依靠全社会的参与和体系化的布局，从战略规划、教育政策、资源配置、评价规范，到师资队伍、课程教材、基地建设等，形成完整的教育链，像打造共享经济那样，动员社会相关力量参与科学教育，跨界支援、协同合作。

正是秉持上述理念和态度，浙江教育出版社联手中国科学院科学传播局，组织国内科学家、科普作家以及重点中学的优秀教师团队，共同实施"青少年科学素养提升出版工程"。由科学家负责把握作品的科学性，中学教师负责把握作品同教学的相关性。作者团队在完成每部作品初稿后，均先在试点学校交由学生试读，再根据学生反馈，进一步修改、完善相关内容。

"青少年科学素养提升出版工程"以中小学生为读者对象，内容难度适中，拓展适度，满足学校课堂教学和学生课外阅读的双重需求，是介于中小学学科教材与科普读物之间的原创性科学教育读物。本出版工程基于大科学观编写，涵盖物理、化学、生物、地理、天文、数学、工程技术、科学史等领域，将科学方法、科学思想和科学精神融会于基础科学知识之中，旨在为青少年打开科学之窗，帮助青少年开阔知识视野，洞察科学内核，提升科学素养。

"青少年科学素养提升出版工程"由"中国青少年科学教育丛书"和"中国青少年科学探索丛书"构成。前者以小学生及初中生为主要读者群，兼及高中生，与教材的相关性比较高；后者以高中生为主要读者群，兼及初中生，内容强调探索性，更注重对学生科学探索精神的培养。

"青少年科学素养提升出版工程"的设计，可谓理念甚佳、用心良苦。但是，由于本出版工程具有一定的探索性质，且涉及跨界作者众多，因此实际质量与效果如何，还得由读者评判。衷心期待广大读者不吝指正，以期日臻完善。是为序。

2022 年 3 月

目录

● **第 1 章 探索自然根源的开始——古希腊科学的早期**
- 神还是自然？　　　　　　　　　　　　　　　002
- 偶然还是普遍？　　　　　　　　　　　　　　004
- 屈从还是超越？　　　　　　　　　　　　　　005
- 数与毕达哥拉斯学派　　　　　　　　　　　　008

● **第 2 章 元素与原子——古希腊时期的世界**
- 古希腊的元素　　　　　　　　　　　　　　　018
- 古希腊的原子　　　　　　　　　　　　　　　020

● **第 3 章 几何很重要——柏拉图时代**
- 柏拉图　　　　　　　　　　　　　　　　　　026
- 拯救那些行星！　　　　　　　　　　　　　　029
- "不懂几何者不得入内"——柏拉图学园　　　032

● **第 4 章 感觉与分类——亚里士多德时代**
- 亚里士多德　　　　　　　　　　　　　　　　036
- "土、水、气、火"与"冷、热、干、湿"　　038
- 什么推动了天球——亚里士多德眼中的宇宙　　043
- 为生物界分类　　　　　　　　　　　　　　　046

第 5 章　超级成功的教科书——欧几里得与他的《几何原本》

一心只求学问的欧几里得	050
欧几里得的几何	052
《几何原本》在中国	056

第 6 章　阿基米德与撬起地球的杠杆

学以致用的阿基米德	060
阿基米德与 π	062
"给我一个支点，我就能撬动地球"	065

第 7 章　希腊化时期的观星人

绘制星表的人——喜帕恰斯	072
千年秩序的建立者——托勒密	075

第 8 章　科学的衰退与沉寂

罗马的兴起与科学的衰退	086
中世纪与科学的停滞	090

第 9 章　继承并超越古希腊

- 阴差阳错的革命——哥白尼和他的革命　102
- 第谷的折中　106
- 为天体运动立法的人——开普勒　110

第 10 章　力与运动——伽利略与牛顿的时代

- 执着于真理的伽利略　116
- 望远镜中的天上世界　119
- 在比萨斜塔上扔过球？　121
- 非凡的牛顿　123
- 牛顿眼中的光　126
- 天与地的统一——万有引力定律　128

第 11 章　燃素与氧——化学的兴起与革命

- 炼金术与近代化学　132
- 燃素　135
- 一系列气体的发现　136
- 拉瓦锡与燃素说的破灭　140

● **第 12 章 转化与统一——物理学的飞跃**

　由电生磁　146
　由磁生电　147
　能量——转化的背后　151

● **第 13 章 生物是哪来的？——物种的起源**

　"差生"的满血复活之路——达尔文　156
　进化论与达尔文　158
　进化论的问题　160

第 1 章

探索自然根源的开始
——古希腊科学的早期

科学的足迹

神还是自然？

回想一下，在《西游记》的故事里，打雷是因为雷神、下雨是因为龙王、刮风是因为风婆婆。《西门豹》的故事中，人们认为漳河发水是因为河伯没有娶到媳妇，不高兴了。又比如，出现月食是因为天狗把月亮吃掉了。古希腊人当然也不能免俗。据说，他们认为地震是因为海神波塞冬的愤怒；雷霆是因为宙斯在发脾气；四季是因为冥界王后贝瑟芬妮一半时间在人间陪伴母亲（春、夏），一半时间在地府陪伴冥王（秋、冬）。古人对自然界的了解比较有限，所以他们往往用神来解释身边发生的自然现象。

在科学昌明的现代，你还会因为出现了月食，就去敲盆敲锅赶走天狗吗？当然不会，谁会那么冒傻气呢？

那么，究竟是从什么时候开始，人类意识到了自然界的变化与神无关呢？至少在古希腊时代，米利都学派的学者们已经开始用自然的原因来解释自然现象了。

米利都是一个希腊城邦的名字。相比于我们听说过的雅典、克里特、马拉松，米利都的位置要边缘得多。可就在这样一个远离文明中心的城邦中，泰勒斯创立了米利都学派。

这个学派开始从自然本身寻找原因，而不是用神解释自然现象。比如，泰勒斯就不再用海神波塞冬来解释地震，而是说，既然大地是漂浮在水面上的，那么地震就是由水面上的波动引起的。泰勒斯的学生阿那克西曼德认为，雷不是宙斯的愤怒，而是因为

第 1 章
探索自然根源的开始

风,闪电是因为云的分离。

那么如何解释人是从哪里来的呢?按中国的神话传说,人是女神女娲用泥土造的。西方世界的神话认为,人是亚当和夏娃的后代,而亚当和夏娃是上帝造的。古希腊世界也有类似的传说,他们认为人是皮拉与丢卡利翁两位神用石头做的。而泰勒斯和他的学生们却抛弃了神的作用。他们是这样解释的:人来源于其他动物,比如鱼类。这和我们现在的说法惊人的相似。

有趣的是,我们之所以这样说,是因为达尔文收集到了很多的证据。而在那遥远的古代,在那个古希腊文明边陲的小城邦里,这个结论居然是"想"出来的。提出这个说法的是米利都学派的阿那克西曼德,他是这样想的:1.我们人类的小孩是很脆弱的,必须受到多年的保护和照顾;2.如果人类一直是这个样子的,那么最早产生的那批小孩在没人照顾的情况下,应该会很快死掉;3.如果这批小孩死掉了,那么就不会有我们这些子孙。当然,既然我们现在是存在的,那么作为我们的祖先的那批人,就不可能在还是小孩子的时候就死光了。所以,人类在更早的时候一定不是我们现在这个样子的,人类早期一定是即使在小时候也不需要长期照顾的物种,比如说海洋中的鱼。好玩的是,阿那克西曼德在得出这个结论之后,便开始奉劝人们不要再吃鱼,因为那曾经是我们的祖先。

无论是对地震和雷霆的解释,还是对人类起源的解释,泰勒斯时代的观点在现在看来都很幼稚,就像是孩子们的玩笑一样。但是,这些解释毫无疑问是异常可贵的,因为人们无论在解释地球还是我们人类现象的时候,都不再求助于神,而是努力从自然中寻找原因,这在科学的发展历程中是至关重要的一步。

偶然还是普遍？

米利都学派开始关注普遍的现象。比如，泰勒斯在解释地震的成因时，认为不仅某一次地震是由于水面的波动，而是所有的地震都是因为水面的波动。对于同一种自然现象，它们发生的原因是相同的。也就是说，科学关心的不是某一次火山爆发的原因，也不是某一次飓风出现的原因，而是所有火山爆发的原因，所有飓风出现的原因。对普遍现象的探讨是科学之所以有用的根本原因之一。试想一下，如果万有引力定律只能解释为什么那一个苹果砸中了牛顿的脑袋，既然那个苹果早已烂掉了或者被牛顿吃掉了，那么今天的我们为什么还要学习万有引力定律呢？

之所以学习这个定律，是因为它不仅可以解释砸中牛顿脑袋的那个苹果的运动，还可以解释砸中我们脑袋的苹果的运动，以及从树上掉下来的所有苹果的运动，甚至可以解释树上掉下来的梨、柿子、山楂，天上掉下来的鸟粪等的运动。正因为科学的普遍性，我们可以预期所有满足条件的物体，都可以出现万有引力定律所描述的运动。然后，我们就可以利用这一定律达到我们的目的，比如设计返回型的卫星。

屈从还是超越？

米利都学派不喜欢屈从。这也是古希腊人的显著特点，从奥运会"更快、更高、更强"的精神就可以窥见古希腊人争强好胜的性格。一言不合就比赛：有朋自远方来，设个奖品比赛，表达一下喜悦之情；有亲人故去，设个奖品比赛，表达一下哀伤之情。古希腊人总是喜欢比别人做得更好，在科学方面也不例外。

对于同一个问题，如果不同人有不同的意见，那么为了证明自己的想法更好，需要找到更多有利于自己的证据，同时研究对方的漏洞，让自己的想法看起来更棒。比如，泰勒斯认为万物源于水。而他的学生阿那克西曼德觉得这个想法可能存在问题，因为水火不相容，如果万物都源于水，那么火是怎么来的呢？针对这个问题，阿那克西曼德提出万物都源于"无限"，在宇宙形成之初，"无限"分离出了一个集冷热于一身的种子。这样，阿那克西曼德就避免了泰勒斯想法中的问题，提出了一个更好的解释。但是阿那克西曼德的想法也有问题，比如"无限"究竟是什么东西呢？这个问题也被其他的学者们批评。

再比如前面提到过的，泰勒斯认为大地是漂在水上的。对于这个想法，阿那克西曼德又有话要说，他可能注意到了这样一个问题：承载大地的水又是被什么承载的呢？为了解决这个问题，阿那克西曼德提出了一个更好的想法，他认为大地是悬着的，没有什么东西承载它。这个想法和我们今天的看法就很相似了，地球的确是悬浮在宇宙中的。为此，我们不得不佩服阿那克西曼德的才智。

阿那克西曼德批评泰勒斯的想法，并提出更好的观点，这种精神是非常独特且可贵的。在古埃及，有很多种关于天空被什么支撑的流行说法，比如天空是被柱子支着的、天空是被神举着的、天空是被钉在墙上的、天空是被母牛扛着的。多种流行的观点之间可以和平共处，很少有人在意区别是什么、哪个说法更好。但是，科学的进步却往往是对前人的批评和超越。比如，哥白尼批评古人地球中心说的想法而提出了更好的日心说，牛顿批评亚里士多德的运动理论并提出了更符合现实的牛顿三定律，爱因斯坦质疑牛顿的理论而提出了相对论。所以说，古希腊人敢于超越他人的精神是很可贵的。

链接

泰勒斯

泰勒斯大概生活在公元前624年到公元前546年的古希腊。也就是说，他大概生活在距我们2600年左右的时代。出生日期比秦始皇要早300多年。正是由于年代太久远，我们对他的生平基本没有了解。他的学说和故事都是通过其他人的记录流传下来的。

据说，泰勒斯是个很专注的人。有一次，泰勒斯在夜里仰望星空，星辰的灿烂与浩渺深深地吸引了他。他一边走一边观察星空，结果一不小心掉到了井里。等人们把他救上来，一个爱开玩笑的女仆就打趣他说："哦，伟大的思考者，请您告诉我，为什么您看得到遥远天际的星星却看不到脚下的井呢？"女仆讽刺泰勒斯连眼前的事情都不关心，却关心那些虚无缥缈的事情。

图1-1　泰勒斯

不过，传说中，泰勒斯也证明过思考天空的人一样能在世间活得游刃有余。有一次，泰勒斯通过他的知识判断出橄榄这种作物明年会丰收。我们知道，橄榄的主要用途是压榨橄榄油。因此，他提前用很便宜的价格租下了所有能够租到的榨油机。第二年，橄榄果然大丰收，大家都需要榨油机来处理橄榄。泰勒斯趁机把租到的榨油机高价租了出去，狠狠赚了一大笔钱。他以此来告诉那些人，思考天空的人只是不在意钱，如果想赚钱，思考天空的人一样能赚很多的钱。

数与毕达哥拉斯学派

大家一定都知道毕达哥拉斯定理,也就是勾股定理($3^2+4^2=5^2$)。既然欧姆定律是欧姆发现的,牛顿定律是牛顿发现的,你是不是觉得毕达哥拉斯定理一定就是毕达哥拉斯发现的呢?从史实的角度来说,这还真不一定。

毕达哥拉斯是古希腊毕达哥拉斯学派的创始人。虽然我们称其为学派,但是这个群体更像是一个神秘的宗教教派。他们相信灵魂会转世,希望通过净化灵魂摆脱痛苦的轮回。在公元前6世纪,毕达哥拉斯学派在一些城市还形成了一支政治力量。这个宗教、科学、政治掺杂在一起的团体主张知识公有,很多人为了表达对创始人的敬重,常常把自己的思想成就归功于领袖——毕达哥拉斯。而对于毕达哥拉斯本人,由于他生活的年代距离我们太远,我们对他的生平了解得非常有限。只知道他出生在希腊的萨摩斯岛,后迁居到克罗顿。所以说,毕达哥拉斯定理究竟是不是毕达哥拉斯本人提出的,我们并不清楚。但我们清楚的是,毕达

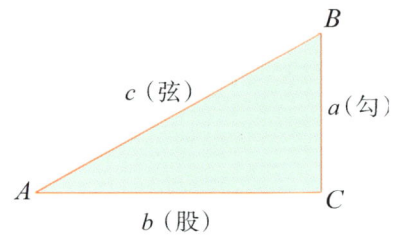

图 1-2 毕达哥拉斯定理

哥拉斯学派非常关注数字，有时甚至有些疯狂。

世界就是数

毕达哥拉斯学派认为万物的本原不是水，不是无限，而是"数"。他们发现，世上的很多事物都可以用整数或者整数之比来描述，因此，他们相信"万物皆数"，甚至认为数学活动可以洗涤他们的灵魂。

他们对数进行了深入的分析，奇数、偶数、质数等出现在我们课本中的数学内容都源于毕达哥拉斯学派。

不过，他们对数字的划分和研究远不止这些。比如，你一定知道"三角形"，它是个几何图形；你也一定知道"数"，它是个算术或者代数的内容。但是你知道"三角形数"是什么东西吗？按照毕达哥拉斯学派的研究，三角形数就是下面这些可以画成三角形的数字。

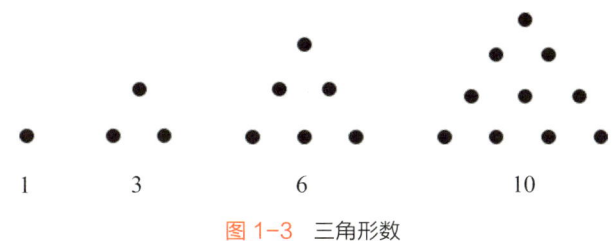

图 1-3　三角形数

在学派的早期，他们并不像我们现在这样看待数与几何。他们认为，数就是几何上的点。所以数可以按照几何上的排列进行研究。除了三角形数，还有正方形数、长方形数、五角形数等等。

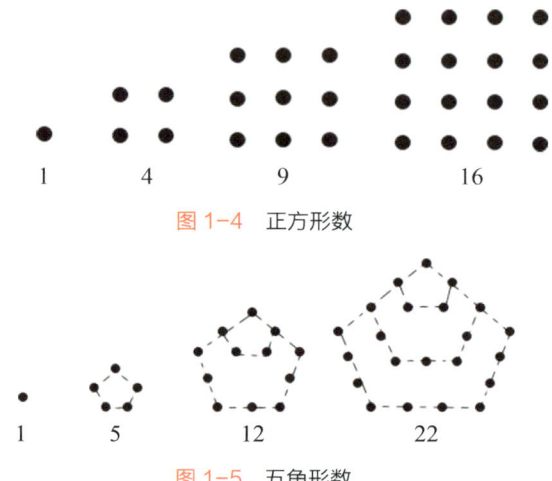

图 1-4 正方形数

图 1-5 五角形数

这种方法虽然奇怪，但是却能表达出整数的一些性质。比如两个相邻的三角形数相加正好是一个正方形数，如下图所示。是不是很有趣呢？此外，还有长方形数。如果有兴趣，你可以试试看，哪些数是长方形数呢？你还能找到"六角形数"吗？

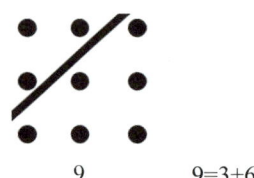

9   9=3+6

图 1-6 两个相邻的三角形数之和等于正方形数

再比如，他们还定义了"完全数"，即除自身之外所有因数之和恰好等于自身的数字，比如 6（6=1+2+3）、28（28=1+2+4+7+14）等。按照这个规则，自身大于因数之和的数称为"亏数"，小于因数之和的称为"盈数"。如果两个数字都是对方的因数之和，那么

寻找亲和数

亲和数是很难寻找的。据说,自从毕达哥拉斯学派找到了第一对亲和数之后,第二对亲和数直到2500多年之后才被人们发现。不相信?不信可以自己试一试,看看你是不是数学天才。

就是一对"亲和数",比如284和220。

不过,由于认为万物皆数,所以这个学派把很多事物都与数字扯上了关系,有时甚至有点莫名其妙加胡说八道。比如他们认为女性是数字2,男性是数字3,婚姻是数字5,因为5是2与3之和,象征一个男人和一个女人在一起。奇数代表善和光明,偶数代表恶与黑暗,4代表公正,7代表机遇。再比如上面提到的"亲和数",如果一个人把284放在自己身上,另一个人把220放在身上,那么他们之间的友谊就会长长久久。听起来好像算命一样,是不是?不过,毕达哥拉斯学派本身也是宗教团体,所以这样理解数字也不奇怪。

抽象与证明

虽然毕达哥拉斯学派的某些研究不太靠谱,但是,他们认识并发展了数学的抽象性,这是一项再怎么赞扬都不过分的成就。

什么是抽象呢？数学课本里的点、直线、面、圆这些常用的概念都是抽象的概念。这些概念看不到、摸不着，但是存在于我们的头脑中。比如，几何学中"点"的概念是只有位置没有大小。你能在现实中找到这样的一个点吗？也许你会立刻拿起削笔刀把笔尖削得细细的，然后在纸上戳一下，告诉别人这就是一个点。这个点是足够小了，但是，如果把这个点放在显微镜下，你就会看到，这个点很大，是粗糙纸面上的一大坨石墨。即使你把笔尖削到只剩下一个碳原子，它也是有大小的。所以说，几何学上的"点"是个抽象概念，在现实世界中根本找不到，它只存在于我们的头脑中。无论是老师在黑板上用粉笔点出的点，还是书本上印出的点，都不是几何学上的点，它们只是表示着点。再举一个例子，5是什么？也许你会张开小手递到我面前晃晃，然后鄙视地告诉我，"瞧！这就是5，连这都不知道？！"可这真的是5吗？不是，这只是5个手指而已，5个手指和5个橘子是一样的吗？当然不是。5是个抽象的概念，在我们周围的现实世界里，没有一个看得见、摸得着的"5"。5个手指和5个橘子只是数量一样罢了，它们都不是那个"5"。5只是我们头脑中的一个抽象概念。

数学抽象化有什么用处吗？当然有，而且非常重要。为什么我们不觉得呢？那是因为我们实在是太习惯了，就好像你不会每时每刻都觉得空气很珍贵一样。如果停止呼吸2分钟，你再试试？所以习以为常的东西并不是无关紧要的东西，反而往往是非常重要的东西。

了解了抽象的点、直线、面，我们就可以只靠头脑思考问题，而不再拘泥于现实世界了。比如，你可以凭想象知道两个点可以确定唯一一条直线。无论这条现实中的直线是木头的、铁的，还是塑料的，你都可以用两颗钉子把它固定在墙面上而不摇晃。也就是说，无论现实世界中的直线和点是由什么材质构成的，这条定理都是适用的。在抽象概念的帮助下，我们能够把握事物背后那些更普遍、更基本的问题。

毕达哥拉斯学派和其他同时代数学家的另一个重要的贡献是提出数学需要证明。也许我们考试中的"证明题"正是沿袭了这一传统。比如，$\sqrt{2}$ 的无理性（也就是不能用整数和分数表示）的证明，据说就是毕达哥拉斯学派发现的。具体的证明方法就是归谬法（还记得吗？米利都学派的阿那克西曼德证明人是由其他物种演化来的结论使用的也是归谬法）。首先假设 $\sqrt{2}$ 可以表示为两个整数之比，通过一系列运算，最终发现，这个假设只有当一个整数可以同时为奇数和偶数的时候才能成立。而同时为奇数和偶数的整数不可能存在。因此之前的假设不成立，也就是说，$\sqrt{2}$ 不能用两个整数之比的方式表示，证明完毕。这个证明对于我们来说，含义很简单，只是说明存在另一种叫作无理数的数而已。但是对于毕达哥拉斯学派而言，却是个毁灭性的打击。

还记得吗，毕达哥拉斯学派认为万物皆数，一切都可以用一个单位来度量，因此这里的数只包括整数和整数之比。万物皆数是他们教派的一种信仰，而 $\sqrt{2}$ 的发现让信仰的根基摇摇欲坠。$\sqrt{2}$ 的无理性对于毕达哥拉斯学派的打击，就如同学生们从小学读到初中、再到高中，终于要熬出头的时候，突然之间高考取消了。据说，发现 $\sqrt{2}$ 无理性的是毕达哥拉斯学派的希帕索斯。他的发现让整个学派人心惶惶，为了守护心中的信仰，他们把希帕索斯扔到海里淹死了。成也萧何，败也萧何，毕达哥拉斯学派对数学的热情来自对"万物皆数"的信仰，而这个信仰也恰恰毁在了他们自己的热情与探索中。历史有时就是这样爱捉弄人。

链接

天体音乐

你听说过"天籁"这个词吗？天籁用来形容好像从天上而来的，"此曲只应天上有，人间能得几回闻"的美妙至极的声音。但是你知道吗？在毕达哥拉斯学派看来，"天籁"可不只是个美妙的名词，因为他们认为天上的太阳、金星、土星真的在演奏和谐的音乐。

在万物中寻找数的过程中，他们发现不同的乐声有着一定的比例关系。在测量不同乐声和琴弦长度关系的时候，他们惊喜地发现，乐声与数字的比例有关系。比如八度音程是1∶2；五度音程是2∶3；四度音程是3∶4。简单来说，就是如果琴弦发出的是一个"Do"的音，那么将琴弦剪掉一半再弹，你会发现，这时的音是个高八度的"Do"；如果琴弦剪掉1/3，这时琴弦会发出"Sol"的音。

既然音乐和声就是一种比例关系，那么天上的行星一定也能发出乐声，因为各行星与地球隔着一段距离，不同行星与地球的距离是有一定比例的，就好像不同长短的琴弦一起弹起时响起的音乐。在古希腊人的心里，行星所代表的天上世界是完美且和谐的，因此毕达哥拉斯学派认为

链接

天体奏出的音乐一定也是和谐的。只是这个"天籁"是听不到的,因为我们生来就已经习惯了这个声音。

值得注意的是,这个和声是个"十重奏",因为毕达哥拉斯学派认为,天上有十颗星。宇宙的中心是一个看不见的中心火团"赫斯提",外面是"对地"、地球、月亮、太阳,以及另外五星。其中,"对地"也是看不见的。那为什么毕达哥拉斯学派却能发现它呢?没有,毕达哥拉斯学派的人自然没有看见,也没有"发现",因为它根本不存在,这个叫作"对地"的天体完全就是个凑数的。之所以需要它,只是因为他们认为10这个数字是最完美的,而天上也是完美的,所以天上必须有10颗星。当时的观测手段太简单,找不到天王星和海王星,他们为了凑出10颗星,就编了一颗。之后的很多学者对他们的这个想法提出了尖锐的批评。

天体音乐的想法虽然被现代科学证明是错误的,但是听起来很浪漫不是吗?如此美妙且庄严的想法刺激了音乐家们的创作灵感,比如约瑟夫·施特劳斯就曾写过《天体之声圆舞曲》,有兴趣的朋友可以感受一下音乐家们所理解的"天籁"。

第 2 章

元素与原子
——古希腊时期的世界

古希腊的元素

元素是化学课本中的重头戏，是我们再熟悉不过的概念了，主要指的是组成自然界的最基本、最简单的成分。但是，元素是怎么来的呢？一开始就有这么多种吗？

系统的元素概念可以追溯到古希腊的恩培多克勒。恩培多克勒的生平和同时代其他的自然哲学家一样，都消失在了时间的长河中。我们对他的了解都来自后人的记述和流传下来的故事。在早年，他也曾参与过政治活动，后来离开政治领域专心于研究。如毕达哥拉斯一样，很多人被他的宗教理念和学术观点所吸引，追随在他的左右。他本人也不断被神化，成为一个类似神仙的存在。据说，他可以呼风唤雨，还曾经在一个城市阻止了疟疾的传播，这个城市的人们很感激他的救命之恩，就把这件伟绩铸在了货币上，以传颂他的伟大。据说，他还能让死人复活。关于他的死，也流传着离奇的传说。一般认为，恩培多克勒死在了爱特纳火山。有人说他是在考察火山的过程中不幸罹难的，但是也有人说他为了证明自己是神，所以跳了下去。虽然恩培多克勒的一生充满了虚无缥缈的

图 2-1 恩培多克勒

传说，但是他的学说却实实在在地影响了一代又一代的研究者。

在恩培多克勒之前，很多学者已经对世界的本原进行了猜想。比如，泰勒斯认为是水，阿那克西曼德认为是无限，毕达哥拉斯学派认为是数。恩培多克勒不赞同这些说法，他认为世界的本原并不是唯一的，而是由火、气、水、土四种元素组成。这四种元素分别对应着众神之王宙斯、美丽但是善妒的天后赫拉、冥后贝瑟芬妮、冥王哈迪斯四位天神。恩培多克勒称这四种元素为"四根"，也就是世界的四个根源，它们在"爱"与"憎"两种力量的作用下不断地结合与分离，产生了我们所看到的世间万物的变化。对于这个想法，他是这样说的，"不要让错误蒙蔽你的心智，认为除这'四根'以外还有其他来源，可以构成世上无数的事物"。他的"四元素说"对之后的很多哲学家都产生了重要的影响。

之所以产生这样的想法，部分源于当时社会的一种普遍的观念。古希腊人相信，无论多么复杂的东西都一定是由简单的东西组成的。甚至人也是由简单的东西组成的。比如，古希腊人在解释第一个女人的由来时，就认为女人是用土和水这两种简单的元素做成的，这个女人就是大名鼎鼎的"潘多拉"。

恩培多克勒的元素和我们课本中的元素还是有很大差别的。课本中的元素指的是纯净物，比如氢元素、氧元素、碳元素，而恩培多克勒的元素并不是指化学上的纯净物。比如，土可以包括很多固体；气可以指很多气体；水可以指很多液体，甚至金属也属于水，因为金属加热后可以变成液体。而火在现代化学中根本不是一种元素。恩培多克勒毕竟生活在 2000 多年前，在没有实验室、没有仪器、没有药品的年代，他只能从他的周围寻找万物的根源。在那样一个简陋的环境里，他能够认识到世界是由多种元素组成的，已经非常了不起了。

恩培多克勒另外一项犹如天助的成就是提出了比例。土、水、气、火，这四种元素，或者说"四根"，是如何形成世界上的万事万物的呢？恩培多克勒认为，就是通过比例。不同的元素按照不同的比例混合在一起就组成了不同的东西。比如，骨头是由土、水、火三种元素构成的，具体的比例是 2∶2∶4；肌肉是四种元素按照 1∶1∶1∶1 的比例构成的。当然，这些具体的解释是不对的，但是他的思路是正确的。直到现在，我们还是使用比例的思路解释化学反应，比如二氧化碳是碳元素与氧元素按照 1∶2 的关系构成的。

不得不说，恩培多克勒那杰出的洞察力让人赞叹不已，他能够在 2000 多年前仅凭借肉眼所见，得出与我们现代课本相似的内容与思路。科学就是在对前人的成就进行吸收和批评的基础上，不断地发展起来的。

古希腊的原子

原子是什么？在化学课本里，原子指的是在化学反应中不可再分的基本微粒。可是，你们知道吗？原子的概念也是古希腊人提出的。我们都知道原子非常小,人的肉眼是不可能看得到的。那么,古希腊人是怎么在看不到原子的情况下提出世界是由原子组成的呢?

原子的说法主要得益于一对师徒——留基伯和德谟克利特。留基伯据说出生于米利都,曾经在色雷斯创立过一所学校,关于他的其他信息已经湮没在了历史长河中。德谟克利特出生于古希腊一座繁华的商业城市。传说,他曾经游历过雅典、埃及、巴比伦、印度等很多地方。

图 2-2　德谟克利特

正是这样一对师徒提出了万物是由原子组成的想法。在古希腊的语言中,原子的意思就是"不可分割的"。虽然在他们之前,很多人已经对"万物是由什么东西组成的"这个问题给出了很多答案,但是这对师徒对大家的回答并不满意。他们觉得世上的所有东西都需要一个原因,不可能无缘无故地出现和消失。比如,如果万物的本原是水,那么水是湿乎乎的,这个特征又是因为什么呢?如果有些东西是由火组成的,那么火的热和干燥又是因为什么呢?这些问题是已有的答案回答不了的。

留基伯和德谟克利特师徒二人通过思考,给出了自己的答案。他们认为冷、热、湿、干、甜、酸、红、绿等等这些特征之所以出现,原因在于原子。不同形状、不同大小的原子处在不同位置上,按照不同的方式排列,就能够导致我们看到不同的颜色,感觉到不同的温度，尝到不同的味道。比如，一种果子之所以是酸的，原因在于组成它的原子又小又细而且有棱角；一种糕点之所以是甜的，因为其中含有圆的、中等大小的原子；一种辣椒之所以是辣的，因为里面含有带尖角的原子；盐之所以是咸的，因为它由大而有勾角的原子组成；苦味由平滑、圆形，却大小不一的原子所引起的，而油腻的味道是因为小而圆的原子造成的。颜色也是一样。他们认为自然界的颜色都是由四种基本的颜色组成。这四种基本色就是黑、白、红、黄。这四种颜色当然也是由不同大小、形状、运动、排列的原子构成的。

原子是在哪里运动和排列的呢？留基伯和德谟克利特认为是在虚空里，这是古希腊原子学派的另一个重要贡献。这个想法和我们现在的想法差不多。我们知道，大部分的太空基本上就是一种虚空，而太阳、月亮、星星、地球都是在虚空中运动的。不过，之后的亚里士多德却觉得虚空很荒谬。正是由于他巨大的影响力，留基伯和德谟克利特的虚空观念直到2000多年之后才被人们重新认可。

在留基伯和德谟克利特师徒二人看来，这个世界只有原子和虚空是真实的，其他的冷热干湿、酸甜苦辣都是因原子而产生的。冷不是真正的冷，苦不是真正的苦，它们都只是约定俗成的东西，而不是本质的东西。

虽然2000多年前已经存在原子的提法，但是需要注意的是，古希腊的原子与我们课本中的原子并不完全一样。其中的不同主要有两点。第一点，现在的原子有很多种，比如有氧原子、碳原子、铁原子，这些原子是不同的。但留基伯和德谟克利特师徒二人提出的原子在本质上是一样的，就如同大玻璃球、小玻璃球、正方形的玻璃块一样,虽然形状和大小是不同的,但都是用玻璃做的。第二点,古希腊人认为原子是不可分的,无论是在化学上还是物理上。但是我们现在所说的原子,虽然是化学反应上最小的微粒,但是在物理上却是可分的。我们都知道,原子是由电子和原子核组成的。随着高能物理学的发展,人们发现原子核也是可分的,它的基本组成是质子与中子。而质子与中子还可以再分为夸克。所以说,古希腊人虽然提出了原子的概念,但是随着科学的不断进步,原子已经不再是原来意义上的原子了。这也是进步的代价。也许过了许多年之后,夸克也已经不是我们现在的夸克了。

链接

我的小宇宙爆发了!

你在漫画中看到过"小宇宙爆发了"这样的情节吗?通常是战士在绝境中突然迸发了潜藏在身体中的所有能量,开挂上阵,突出重围,大获全胜。那么,是谁第一次提出了这种说法呢?

据说,把"小宇宙"这个词和人类联系起来的第一人就是德谟克利特。在他看来,既然万物都是由原子构成的,那么组成宇宙和人的材料必然是一样的,它们遵循着一样的规律,所以人也可以说是一个小宇宙。这也算是古希腊原子学派除了原子和虚空之外,留给我们的另一项"重要"遗产了。

第 3 章

几何很重要——柏拉图时代

柏拉图

你一定听说过或看到过"柏拉图"这三个字,比如"柏拉图式的爱情""柏拉图主义",甚至一些西餐馆和咖啡馆也以"柏拉图"为名。甚至可以说,柏拉图是西方世界一个标志性的存在。不过,他的思想以及他对后世的影响也确实让他当得起这个"抬头"。

图 3-1 柏拉图

柏拉图出生在公元前 427 年。他的家族在当时的雅典城里是很有名望的。据说,"柏拉图"三个字的意思是说他的肩膀很宽。父亲一脉据说可以一直追溯到雅典古代的王室,甚至还可以再向上追溯到海神波塞冬。他妈妈的家族也不是一般的小门小户,而是雅典政坛里的一支活跃力量。柏拉图的爸爸去世得很早,妈妈改嫁。所以,柏拉图是在继父家里长大的。他的继父也是雅典城内的知名人士,是著名的政治家、军事家伯里克利的朋友。伯里克利时代是雅典最辉煌的时代。不过,辉煌的时代总是短暂的。不久之后,伯里克利将军在瘟疫中病死,雅典的黄金时代结束,整个希腊世界也滑向了旷日持久的伯罗奔尼撒战争,人们在战争中死亡,繁荣在战火中湮灭。柏拉图出生在伯里克利死后的第二年,他的一生都处在希腊世界由盛转衰的过程中。

柏拉图的老师是那位非常著名的苏格拉底。在他的影响下,柏拉图专心于学问,并成为苏格拉底的追随者。苏格拉底对柏拉图的影响很大,柏拉图曾经庆幸地说:"我是雅典人而不是野蛮人,我是自由人而不是奴隶,但这些都不是最幸运的,最幸运的是我能够遇到苏格拉底。"苏格拉底被执行死刑之后,柏拉图恨透了雅典的民主制度,他逃离了雅典,开始了他的游历。

据说,他曾经到过西西里以及意大利,拜访过毕达哥拉斯学派,也许还去过埃及。直到雅典人逐渐忘却了苏格拉底,柏拉图才重新回到雅典,并在城外建立了自己的学园,也就是"柏拉图学园"——阿卡德米。

此后,柏拉图花了很多时间在这里讲学、著

图 3-2 柏拉图和他的学生在阿卡德米学园
(朱光潜《西方美术史》)

书，直到灵魂飘去哈迪斯的冥府。在柏拉图死后，这个学园仍然存在着，直到900多年之后的东罗马帝国时期。公元529年，查士丁尼大帝觉得学园的存在与基督教的原则相悖，下令关闭了学园。

链接

柏拉图学园——阿卡德米

阿卡德米这个名字来源于希腊神话中的一位英雄阿卡德摩斯（Akademos）。相传，希腊神话中大名鼎鼎的超级美女海伦被雅典国王忒修斯抢走了。海伦的两个兄弟一路追踪到了雅典，但是无论如何也找不到他们的妹妹。两兄弟怒火中烧，他们警告雅典人，如果不交出海伦，斯巴达与雅典之间就会战火重燃。雅典人不想打仗，但又不知道忒修斯把海伦藏匿在什么地方。正当大家愁眉不展的时候，英雄阿卡德摩斯闪亮登场。他到各处探访，追寻蛛丝马迹，终于找到了藏匿海伦的地方。最后，海伦被她的兄弟救了回去，而雅典也免于战火。据说，英雄死后就被葬在了雅典郊外。这个地方因而被大家称为阿卡德米（Akademeia）。

阿卡德米环境清幽，绿树环绕，柏拉图根据毕达哥拉斯学派学校的样子，在这个地方建立了"柏拉图学园"。柏拉图的教育最大的特点在于他要让学生成为一个理性并且能独立思考的人。900多年后，柏拉图学园被迫关闭。

> **链接**
>
> 在文艺复兴时期，古希腊的学问重新得到认可。在意大利的很多地方都成立了小型的学术团体。因为崇拜柏拉图，当地的学者们把这些小团体也称为阿卡德米。1635年，法国的枢机主教黎塞留建立了法兰西研究院，也以阿卡德米为名，也就是法国的阿卡德米。1666年，巴黎皇家科学院成立，也是以阿卡德米为名。从那时起，阿卡德米开始专指进行科学研究的机构，也就是"科学院"。
>
> 中国科学院的英文名称使用的也是阿卡德米，英文直译就是中国科学的阿卡德米。

拯救那些行星！

柏拉图认为，宇宙的形状就如同一颗洋葱，中心是地球，月亮、太阳、5大行星随着各自的天球绕着地球转，最外面的是镶嵌了所有其他星星的天球。这个天球就好像一个转动的舞台背景一样，其他行星的运动就是在这样的背景下呈现的。

图 3-3　洋葱的样子与柏拉图所想的宇宙相似

和毕达哥拉斯学派一样，柏拉图也坚信神圣的天体一定做的是匀速圆周运动。原因很简单，因为变化的是不完美的，永恒且不变才是完美的，所以只有速度不变，轨迹恒久如一的匀速圆周运动才配得上高贵的天体。不过，在观测行星运动的时候，很容易就会发现一个问题，有些行星不是按照柏拉图设计的路线走，而是走走停停，有的时候甚至还往回走。这让柏拉图很是郁闷，高贵如天体怎么能运动得这么随意？！我们现在所说的行星，也就是木星、水星这些星星，在希腊语中就是漫游者的意思。换句话说就是到处乱走的那些星星。

柏拉图很生气，后果很严重。他吹响了集结号，号召学生们去拯救行星那些不合规矩的现象。这就是历史上著名的"拯救现象"，一拯救就是近 2000 年。柏拉图深信自己才是正确的，天上的行星一定是做着高贵的匀速圆周运动，只不过具体应该怎么用匀速圆周运动拯救行星的"不规矩"就是个问题了。

之后的数学家和天文学家们纷纷响应柏拉图的号召，为天上的行星运动操碎了心。数学家欧多克斯用几个运动速度不同、方向不同的同心天球合起来描述天体的运动，比如月亮和太阳的运动分别需要3个天球，其他行星则需要4个天球。他的基本思路就和我们把抛物线的运动分解为水平方向和垂直方向的直线运动一样。只不过一个是用几个匀速圆周运动，另一个是用两个直线运动罢了。这样一改，模型确实好了很多，但还是不能完全解释看到的现象。之后的学者们又不断地添加新的天球运动，宇宙的天球模型变得越来越复杂，到了亚里士多德时代，天球的数量已经增加到了50多个。

但是，无论做了多少改变，这些后来者却依然多多少少地坚持柏拉图的基本假设——天体必须做匀速圆周运动。甚至是1700多年后的哥白尼，也仍然坚持正圆形的轨道。柏拉图的影响直到开普勒的时候才减弱。

柏拉图一方面促进了科学的发展，但是另一方面，也束缚了科学千年之久。所以说，科学的世界没有绝对的权威，谁都可能出错，柏拉图也一样。

"不懂几何者不得入内"——柏拉图学园

据说,在柏拉图学园的门口,也就是阿卡德米的门口,竖着这样一个牌子——"不懂几何者不得入内"。为什么柏拉图这么重视数学呢?他的原因和爸妈要求我们学好数学的原因可不太一样。

在柏拉图看来,宇宙是创世神德密额吉(Demiurge)做出来的。他的蓝本是一个完美的、永恒的理念世界。但可惜的是,德密额吉不是一位全能的神,他受限于我们这个世界不完美的原料,没有办法完全拷贝那个完美而永恒的蓝图,所以他创造的世界并不完美。就好像我们照着妈妈戒指上的钻石,用泥巴也捏一颗,但泥巴钻石只是像钻石,泥巴还是泥巴,用泥巴很难给妈妈捏出一颗晶莹剔透、光彩无限的钻石。对此,神也表示无可奈何。

既然我们这个世界是不完美的、可朽的、转瞬即逝的,那么就不重要了。值得关注和追求的真知是和那个完美的、永恒的、神圣的、高贵的理念世界相关的东西。作为可朽的我们,能靠近那个梦一般永恒的世界吗?柏拉图的回答是肯定的。

在他看来,如圆、直线、正方形这些数学概念在现实世界中是不存在的,它们只存在于我们的头脑里(你能在现实中找到没有宽度只有长度的直线吗?),是永恒不朽的,所以数学是我们这个世界上和理念世界最相似的东西。通过学习和思考数学,我们可以靠近那个完美而纯粹的理念世界。或者说,数学是我们追求真知的正确途径。这也是柏拉图如此重视数学的原因。也正因为柏拉图的重视，从他的学园里走出了不少优秀的数学家。

图 3-4 《雅典学院》（局部）

值得注意的是，柏拉图学园里的数学和我们现在的数学是不一样的。提到数学，我们可能会想到几何与算术或者代数。但在柏拉图学园里，数学的概念要宽泛得多。算术、平面几何、立体几何、天文学、音乐都是数学课的内容。什么？音乐课居然是数学课？是的，你没有看错，音乐也曾经属于数学。还记得毕达哥拉斯学派吗？自那时开始，音乐已经进入数学的范畴了，所以音乐课在古希腊可是地地道道的理科课程。

第4章

感觉与分类——亚里士多德时代

亚里士多德

与他的老师柏拉图不同，亚里士多德不是土生土长的雅典人。他出生于古希腊世界的边陲，他的爸爸是马其顿国王的宫廷医生。在他小的时候，爸爸妈妈都去世了，亚里士多德只好去了亲戚家。在大概 17 岁的时候，他离开故乡去雅典求学。在柏拉图学园，也就是之前提到的阿卡德米，他拜了柏拉图为师，成为阿卡德米的第一批学生之一。之后，他一直在这里潜心求学，直到柏拉图去世，前后差不多有 20 年。

柏拉图死后，他的侄子继任园长。亚里士多德不太喜欢这位新园长，觉得他过于强调数学，忽略了我们所生活的这个多姿多彩的世界。于是，他离开了雅典，应同学的邀请去了另一座城市。昔日的同窗就是这座城市的统治者。在这里，亚里士多德一边教学，一边做着自己喜欢的研究。3 年后，他又换了个地方。日子在生活、教书、研究之中静静地流走了。

公元前 343 年左右，马其顿国王腓力二世开始为自己心爱的儿子亚历山大物色老师。这位亚历山大就是不久之后统一希腊全境，扫平中东，征服埃及，建立了跨越亚、

图 4-1　亚里士多德

欧、非三大洲大帝国的亚历山大大帝。亚里士多德进入了腓力二世的视野，他的学识与名望赢得了腓力二世的认可，从此，亚里士多德成为了亚历山大的私人教师。这一年，亚历山大还是个 13 岁左右的少年。六七年之后，国王腓力二世遇刺身亡，亚历山大继任为马其顿的最高统治者，开始了他叱咤风云的征服之旅。当然，他也不再需要私人教师的陪伴了。

图 4-2　马背上的亚历山大大帝

亚里士多德重新回到了雅典，专心于自己的研究。作为曾经的"帝师"，亚里士多德得到了当地官员的关照，建立了自己的学园——吕克昂。据说，这个名字来自苏格拉底经常去散步思考的园林。亚里士多德也很喜欢边散步边思考，甚至教导学生的方式也是边散步边讨论。因为这种优哉游哉的方式，人们也把他的学派称作"逍遥派"，也就是"漫步"的学派。在吕克昂的十多年里，亚里士多德完成了一生中很多重要的著作。但是，在公元前323年，他最声名显赫的学生亚历山大大帝突然去世，新建立不久的大帝国瞬间分崩离析。

强者一死，曾被收于麾下的雅典开始反对马其顿的统治。作为亚历山大的老师，亚里士多德自然逃不开雅典人的仇视。把吕克昂托付给了学生之后，他干净利落地回到了他母亲的老家。第二年，这位博学伟大的思想者离开了人间。

"土、水、气、火"与"冷、热、干、湿"

亚里士多德虽然继承了恩培多克勒和老师柏拉图的观点，认为我们的世界是由土、水、气、火四种元素组成，但是，却没有屈从于前人和自己的老师。

既然物理世界是可以感觉到的，那么最终的组成就要从感觉上来找。换句话说，土、水、气、火虽然是基本的元素，但还并不是最基本的元素，最基本的应该是冷、热、干、湿四种性质以及中性的基质。中性的基质就好像是我们生活中的面粉，是热汤面、凉面、馒头、面包的原料。究竟呈现的是馒头还是面包就决定于是蒸还是烤了，这就好像是基质呈现土、水、气、火哪个元素，就要看冷、热、干、湿四种性质怎么组合了。具体来说，土是干和冷组成的；水是冷和湿组成的；气是热和湿组成的；火是热和干组成的。

这套理论和我们的常识经验是很合拍的。比如锅里的水被加热到沸腾的状态就会变成白白的水汽，在古希腊人看来这就是从"水"到"气"的过程。亚里士多德就可以这样解释这种变化：既然水是由冷和湿组成的，那么水一加热，冷就少了，热就多了，热和湿组合在一起就是气，所以水就这样变成"气"了。如果我们不知道现代的科学知识，这一说法是不是听起来也挺有道理的？

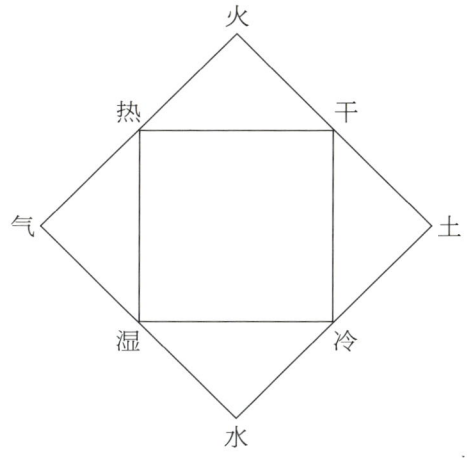

图 4-3 冷热干湿与"四元素"的对照图

由四种元素组成的物体是如何运动起来的呢？亚里士多德认为，自然界有两种运动：一种是"自然运动"，也就是自然而然发生的运动；另一种是"强制运动"，就是不自然的运动。

什么是自然运动呢？各种元素都有自己的"自然位置"，比如土元素最重，自然位置是在中心；次重的是水元素，自然位置是在土元素的外层；气和火更轻，自然位置在更外层。如果物体偏离了它的自然位置，那么它就会以直线运动回到自己的自然位置，而不需要其他的原因。就好像我们抓起一块石头，一松手，石头会直线落到地上。古人不知道有重力，在他们看来，这个运动是自然而然发生的，没有外力的作用。所以亚里士多德会说，这个运动是自然而然的，就好像我们现在的惯性运动一样，不需要解释原因。而强制运动就是不自然的、需要其他外力的运动，比如我们把石头从地面上捡起来，因为我们给它施加了外力，所以石头被强制带离了自然位置。与自然运动不同，强制运动是有原因的，需要解释的。

这个说法虽然现在看来毫无疑问是错的，但是在功能上可是非常强大的！你能想象吗？亚里士多德用这套说法推出了地球是

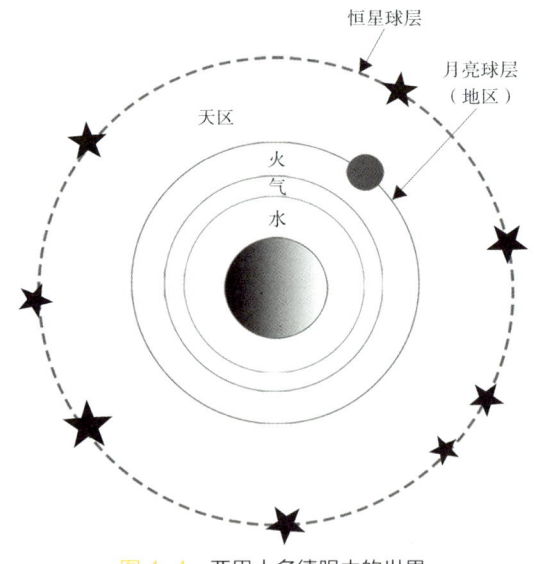

图 4-4　亚里士多德眼中的世界

圆形的！对于一位比秦始皇还要再早 100 多年的古代人来说，这是非常了不起的成就。不信？你可以自己推推看。

　　亚里士多德的思路是这样的：如果把土均匀地散放在宇宙中，那么土自然会从各个角度向下落，回到自己的自然位置，也就是宇宙的中心，达到平衡的时候，土自然形成一个球形，所以地球是处在宇宙中心的一个球。而且，从月食时的月亮表面可以看到地球影子的弧形边缘，在埃及能看到的一些星星在北方地区却看不到，亚里士多德通过这些观察到的事实，进一步印证了自己的推论是正确的。人的思考能力是不是很强大？

　　虽然亚里士多德的说法错误很多，但是在那个人类智力刚刚启蒙的年代，他把人们的注意力引到了力与运动的关系上，这就足够伟大了。有的时候，发现问题要比解决问题更重要。

链接

"自然界厌恶真空"

　　你爱吃零食吗？虽然好多零食不太健康，但是架不住味道好，多多少少总会背着妈妈偷偷买几包解解馋。在撕开包装的时候，你会发现泡椒凤爪、香肠、豆腐干这些零食往往都是"真空包装"的。当然，你的保温杯，家里的暖瓶、灯泡，都在利用真空这一技术。但是，这些严格来说都还算不上真空，只能算是利用了真空，因为没有真正达到真空要求的标准。

链接

图 4-5　真空包装

真空是什么？就是气体非常少，接近于什么都没有的空间状态。自然界有真空吗？宇宙中大部分的区域也算是真空了。

但是，如果你穿越回古希腊对亚里士多德这样说，他一定很鄙视你，然后丢给你一句"自然界厌恶真空"。当你用看傻瓜的眼神看他的时候，他也会用看傻瓜的眼神看你，因为你的想法和他的推论不一致。

他是这样思考的：物体的运动会受到介质密度的影响，介质密度越大，运动的速度越慢，介质密度越小，运动的速度越快。这和我们的经验是相一致的，一块石头在空气中下落要比在水中下落得更快，因为水的密度大于空气。假设自然界存在真空，那么这个空间中就会空无一物，介

> 质密度为 0。如果一个物体在这个空间之中运动,那么在没有任何阻力的情况下,它的速度就会无限大。在亚里士多德看来,速度无限大这个推论是荒谬的,那么一定是假设错了,也就是说——自然界不可能存在真空。看,又一次使用了归谬法。
>
> 亚里士多德这个想法的问题在哪里呢?

什么推动了天球——亚里士多德眼中的宇宙

在古希腊人的眼里,天与地是截然不同的,地上世界是腐朽的、不完美的,而天上世界是永恒的、完美的、神圣的。原因是什么呢?亚里士多德提出,这是因为构成天与地的基本材料不同。如之前所说,我们生活的地上世界是由土、水、气、火四种元素组成,而天上的天球和日月星辰都是由一种叫作"以太"的第五元素组成。亚里士多德给"以太"定下了许多独特的性质,比如不冷不热、不干不湿,目的就是让这种假想出来的元素能够配得上人们心中永恒、美好、高贵、和谐的天上世界。

对于这个"高贵"的天上世界,柏拉图和欧多克斯已经提出了如洋葱一样的同心球宇宙模型。但是亚里士多德对这个模型很不满意,因为一个很重要的问题还没有弄清楚,那就是天球为什么会这样运动?之前的模型只告诉了我们天球是这样动的,但是动力来自什么地方呢?这就好像老师告诉你今天多留了一倍的作业,但是没有告诉你原因是什么。

亚里士多德开始思考动力的问题。他认为,透明天球的动力来自最外面的天球,也叫作"原动天"。这一动力一层一层地向内

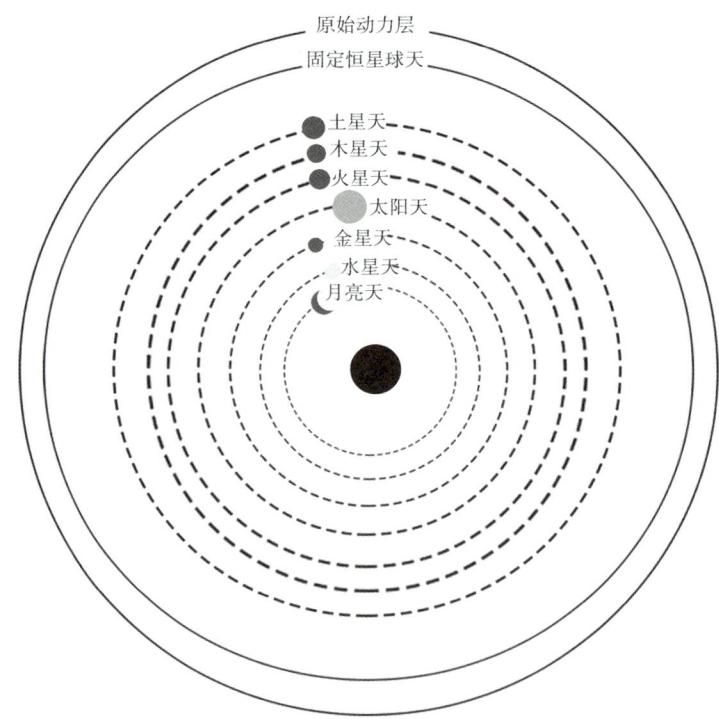

图 4-6　亚里士多德的宇宙模型

传递，让所有的天球转动起来。为了说明动力是如何传递的，亚里士多德为天界设计了 55 个天球。那么，最外层天球的动力是哪里来的呢？亚里士多德认为那来自永恒且不动的最初推动者，所以它比天体还要高贵。后来的人们把这个最初推动者等同于上帝或者其他宗教中的大神，但是亚里士多德并没有这样说。

不过，这个模型仍然存在问题，比如行星的明暗。从地球上可以看到行星有时更亮一点，有时则更暗一些，这显然是因为它们离我们的距离有时短有时长，而亚里士多德的模型没有办法解释这个现象，因为地球在中心，且周围都是同心球，只要是同心球，半径一定是相等的，也就不可能存在远近的变化。还有一些问题，比如天界和地界的交接面是什么情况、为什么只有太阳发热等等。这些问题激励着后来者投身于辉煌的科学事业中。科学也在解决问题与提出新问题的过程中不断地发展起来。

流星与彗星是什么？

流星与彗星是什么呢？你可能会说：流星就是宇宙中的东西进入了大气层，然后摩擦燃烧后产生的现象；彗星就是一种运动半径很长的星星喽。是的，在我们现代人看来，它们毫无疑问都和天上的世界有关。但是古希腊人却不这么想。

> **链接**
>
> 我们在之前反复提到过，古希腊人认为天界是永恒的、完美的、和谐的、高贵的。无论是柏拉图还是亚里士多德都是在这个前提下研究天上世界的。所以，他们绝对不相信流星和彗星这些不永恒、不做匀速圆周运动的东西会属于不朽、永恒的天界。那么，他们是怎么解释的呢？
>
> 他们坚信，这些现象一定不属于天界，而是属于地界。比如，可能是地界的土掺着气上升到了元素火的位置，所以被点着了，发光发亮。甚至英文中"气象学"一词就来源于"流星"这个词。可见，天界在古希腊人的心中是多么美好的存在。

为生物界分类

亚里士多德是一个懂得欣赏、乐于观察的人，尤其对于绚丽多姿的生物世界。他一方面从猎人、渔夫、养蜂人那里收集关于动物的信息，另一方面亲自观察和解剖动物。

他是系统分类学的开拓者。动物被亚里士多德分为"有血的"

和"无血的"两种。其中有血的,指的就是有红色血液的,包括鸟、鱼、鸡等等;无血的,指没有红色血液的,包括贝壳、虫子、软体动物等等。他甚至发现了类似于遗传的现象,比如人只能生出人,虽然有畸形与怪胎,但人是不可能生出牛的。

这在对遗传机制没什么了解的古代人看来,是很难解释的。不止我们有牛头马面的传说,古希腊世界也存在着人类国王的妻子生出牛头人身怪物的故事。

但是,亚里士多德毕竟是两千多年前的古人,很难摆脱时代的限制,自然也免不了出错甚至异想天开。比如,他搞错了人类的牙齿数和肋骨数,还认为脑子里没有血液。又比如,他把植物、动物、人分别对应于三种灵魂,分别是营养灵魂、感觉灵魂、理性灵魂。虽然这种划分有利于对生物进行分类,但是灵魂的说法毕竟缺乏让人信服的证据。

瑕不掩瑜,这些缺点与错误无论如何都掩盖不了亚里士多德的睿智与辉煌。他曾说过,只要愿意付出足够的耐心与努力,就能够从生命世界获得很多知识,从而体味到自然秩序的美好,为心灵带来极大的喜悦。你是否感受过这种美好与喜悦呢?

图4-7 忒修斯大战弥诺陶洛斯

第 5 章

超级成功的教科书
——欧几里德与他的《几何原本》

一心只求学问的欧几里得

欧几里得生活在大概2300年之前,虽然听起来似乎很遥远,但实际上他一直在我们身边。几乎每个中学生都要学习的几何知识,就是他2000多年前写下的。这本超级成功的教科书就是大名鼎鼎的《几何原本》。

图5-1 欧几里得

关于欧几里得这个人,我们知道的非常少。根据后人的记载,他大概去过雅典,曾在柏拉图学园学习过。大约公元前300年,埃及的托勒密王请他来到了亚历山大城。

据说,托勒密王本人也想学学几何学,就让欧几里得给他讲讲。但是几何学不是随便学学就能懂的学问,托勒密王学得也不怎么样。在欧几里得的几何课上,国王听得云里雾里。最后,国王不耐烦地问欧几里得:"难道就没有更容易的方法让我快点学会这些东西吗?"这个学生居然想投机取巧地学几何!欧几里得很不高兴,于是硬生生地回答说:"抱歉,我的陛下,几何学没有专门给国王铺就的捷径。"

欧几里德和古希腊的大多数学者一样，不为赚钱、不为生活，只为追求学术和真理。有一次，一个学生问欧几里德："老师，我在您这里学习了几何学，但是有一个疑问。"欧几里德让他说出来。这个学生继续说："请问您教的东西有什么用呢？"欧几里德勃然大怒，告诉旁边的仆人丢给他几个钱，让他立刻麻溜儿滚蛋。学生走后，欧几里德还是愤愤不平，自言自语道："居然想用几何学谋利，真是不像话，谁不知道我的学问就是无用的！"

在科学技术必须为人类社会发展服务的今天，欧几里德的想法显然是格格不入的。但是，正是有这样一群不求名、不为利，只为学术和真理的人存在，科学才能在尚未表现出巨大潜力的古代逐步发展起来。

链接

缪塞昂学院

缪塞昂学院是托勒密王朝建立的皇家研究机构，是当时世界上最大的学院。虽然名字读起来比较拗口，但是含义很简单，就是指供奉希腊神话中九位缪斯女神的神殿。

在希腊神话中，缪斯女神（Muse）是神王宙斯与记忆女神所生的九位带着金色发带的女儿，掌管着诗歌、历史、音乐、舞蹈等各种高雅的艺术和活动。无论是古希腊的荷马还是中世纪的但丁，都在诗作中请求缪斯女神的帮助。

>
>
> 图 5-2　缪斯
>
> 　　缪塞昂学院一直存在了 600 年，学者们在这里得到国家的支持，醉心于学问的研究，进一步推动了科学的发展。我们现在使用的"博物馆"（Museum）这个英文单词就是从缪塞昂学院的"缪塞昂"这个词变化发展而来的。不过，当时的缪塞昂学院可不仅仅是个做展览的地方，而是一个包括图书馆、动植物园、天文台、实验室、解剖馆在内的大型研究机构。

欧几里德的几何

　　虽然初中几何课堂上的内容绝大部分出自《几何原本》，但并不意味着这些内容都是欧几里德原创的。欧几里德的厉害之处在于他把前人的成果用严密的逻辑体系编织为一个整体，就如同把一根根的柳条编成一个美丽的篮子一样。这个美丽的篮子让之前的几何学书籍黯然失色，几乎都被历史的尘埃湮没了。

欧几里德几何大厦的结构就是逻辑，也就是亚里士多德曾提出的演绎逻辑，科学就是这样在前人的基础之上不断进步的。亚里士多德的演绎逻辑，简单地说就是在前提为真的情况下，结论一定为真的逻辑方式。虽然听起来拗口，但是举个例子大家就明白了：

所有的人都会死；

苏格拉底是人；

所以苏格拉底会死。

亚里士多德拿他师祖举的这个例子就是演绎的逻辑。你会不会觉得这些话是废话？单看一个似乎是，但是一直推理下去就很伟大了。而欧几里德只用了5个公设和5个公理就建立起了他的几何学大厦，也就是说，我们中学学到的几何学内容是他用这10个前提推理出来的。我们来举个例子试一试，体会一下几何学的美。

证明：等腰三角形的两个底角相等。

可不要小看了这道题目。中世纪的时候，这道题目可是大学数学的水平。学生们把这道题称为"笨驴的难关"，就是说，像驴一样蠢的人是做不出这道题的。所以你们一定要给出这道题的证明，不然会被中世纪的学生嘲笑的。

这个例子需要用到的前提主要是如下4条。第1条前提：两个点之间可以画一条直线；第2条前提：把线段沿直线延长是可以的；第 3 条前提：相等的两个量减去相等的量一定还是相等的量，比如 3=3，3−2=3−2；第 4 条前提：彼此重合的东西是相等的。对，就是这 4 条看起来像废话一样简单的前提。

第一步，欧几里德用上面的第 4 条推出了两条边及其夹角相等的两个三角形是相等的这个结论。

证明一：彼此重合的东西是相等的；（第 4 条前提）

两条边及其夹角相等的两个三角形是可以重合的；

所以这两个三角形是相等的；

我们把结论当作第 5 条前提：两条边及其夹角相等的两个三角形是相等的。

如图所示，题目可以改写为：证明等腰三角形（△ABC）的两个底角（∠1 与 ∠2）相等。

第一步：沿着 AB、AC 做两条辅助线，使 BF=CG；

证明这一步可行：把线段沿直线延长是可以的；（第 2 条前提）
AB 和 AC 都是线段；

所以可以沿着 AB、AC 做两条辅助线，使 BF=CG。

第二步：连接点 B 与点 G；连接点 C 与点 F；

证明这一步是可行的：两个点之间可以画一条直线；（第 1 条前提）

点 B 与点 G 是两个点；

所以点 B 与点 G 之间可以

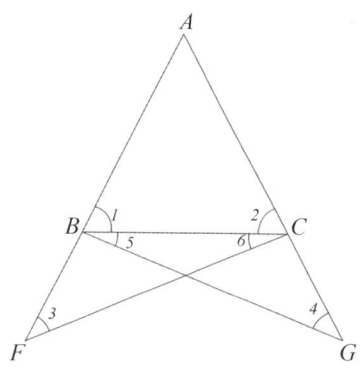

图 5-3　等腰三角形的两个底角相等

画一条直线；

点 C 与点 F 同理。

第三步：证明△AFC=△AGB

证明过程：两条边及其夹角相等的两个三角形是相等的；(第 5 条前提)

△AFC 与△AGB 有两条边及其夹角相等；

所以△AFC=△AGB。

第四步：证明∠3=∠4；BG=CF；∠ABG=∠ACF

证明过程：彼此重合的东西是相等的；(第 4 条前提)

△AFC=△AGB；

所以∠3=∠4；

BG=CF 同理；∠ABG=∠ACF 同理。

第五步：证明∠5=∠6

证明过程：两条边及其夹角相等的两个三角形是相等的；(第 5 条前提)

△BFC 与△BGC 的两条边相等（BF=CG；CF=BG；），

夹角相等（∠3=∠4）；

所以△BFC=△BGC；所以∠5=∠6。

第六步：证明∠1=∠2

证明过程：相等的两个量减去相等的量一定还是相等的量；（第 3 条前提）

∠ABG=∠ACF；∠5=∠6；

所以∠ABG−∠5=∠ACF−∠6；

也就是∠1=∠2。

因此，等腰三角形的两个底角相等。

怎么样？用"苏格拉底会死"的那个论证方式确实可以证明几何上的命题吧？欧几里德通过这种方式，在10个不证自明的前提之上，把所有前人的几何学成果都编织在了一起，组成了恢宏的几何学大厦。

这种逻辑之美、简洁之美、精确之美，深深地打动了一代又一代的科学家和思想家。如自然科学家牛顿和社会科学家霍布斯都深受感染。由此可见，欧几里德不仅建立了几何学上的丰碑，更为后来者树立了榜样。

《几何原本》在中国

虽然《几何原本》在西方历史上一直占据着重要地位，但是它传播到中国并被翻译成中文已经是明朝末期的事情了。这位文化交流的使者就是中国历史上著名的耶稣会传教士——利玛窦。同时，他也正式开启了西方科学向中国传播的历史进程。

利玛窦出身名门，早年在意大利学习，他的老师是当时最有名的数学家之一、曾有"欧洲16世纪的欧几里德"之称的克拉维斯。学成之后，他立志到东方传教。与玄奘西游正好相反，他是从西往东走；玄奘是去学习宗教，而他是打算传播宗教，所以

第5章 超级成功的教科书

人们一般把他的历程称为"海刺猬东渡",利玛窦家族的姓氏在意大利语中的意思就是"海刺猬"。因为是传教士,所以利玛窦当然不是专门来中国传播科学的,他的主要使命是传教。

1582年,利玛窦和其他传教士抵达澳门,辗转数年,终于借着向万历皇帝进贡的机会到达了北京。按照惯例,进贡结束之后他就应该马上离开北京。但是利玛窦走了大运,他献的自鸣钟入了皇帝的眼。在他必须离开之前,这架自鸣钟出了故障,于是皇帝让利玛窦进宫修理。万一利玛窦离开之后,自鸣钟再出问题呢?皇帝想到这一点,决定破例让利玛窦留在北京。在这里,他遇到了最重要的合作者——徐光启。

1606年,利玛窦与中国大臣徐光启开始合作翻译《几何原本》。第二年春天,这部经典数学著作的前6卷被译成了汉语并得以出版。1610年,利玛窦去世,皇帝赐葬北京城平则门外。让皇帝赐葬很难,让皇帝给外国人赐葬更难,而利玛窦就是中国古往今来第一个获得这项殊荣的外国人。当时,有些保守的大臣很不满,高贵的皇帝陛下怎么能给一个外邦人这样的殊荣呢?宰相叶向高反驳他们说,那是因为古往今来,从没有一位外邦人这样博学,别的不说,只他译出《几何原本》这一项功劳,就足以获得皇帝赐葬的殊荣。

图 5-4 利玛窦

第 6 章

阿基米德与撬起地球的杠杆

科学的足迹

学以致用的阿基米德

在历史上所有的数学家里,阿基米德绝对是数得着的人物。有人甚至说,他是人类历史上与牛顿、高斯并列的最伟大的三大数学家之一。

阿基米德生于西西里岛的叙拉古。虽然这个地方现在属于意大利,但是在古代,那里曾经是希腊人的城邦,也就是说,阿基米德是地地道道的希腊人。他的爸爸是一位天文学家,所以阿基米德小时候就能接触到天文学的知识。长大之后,阿基米德决定

图 6-1　阿基米德

第6章
阿基米德与撬起地球的杠杆

去著名的亚历山大城留学,并在那里拜了欧几里德的弟子为师,学习几何学。学成之后,阿基米德回到了自己的家乡叙拉古。

据说,阿基米德是叙拉古城之主希罗王的亲戚。明明可以靠家世,却偏偏要拼才华;明明可以靠数学名垂青史,却偏偏要拼力学,还顺手发明了很多机械。阿基米德的一生可谓是彪悍的一生、开挂的一生。

在他的晚年,罗马军队围攻他的家乡叙拉古。据说,阿基米德把杠杆原理应用到了机械的设计中,发明了投石机,生生阻挡了罗马军团。他还运用光的反射原理,让城里的老弱妇孺手持镜子把阳光汇聚到罗马人的船队上,一把火烧光了敌人的战船。据传说,他还发明了吊车之类的器械,把对方的战船吊了起来。他的奇思妙想硬生生拖住了敌军,使叙拉古城三年未破。连罗马军团的将军马塞拉斯都不得不感叹,他们的军团简直就是在和阿基米德一个人战斗。三年之后,叙拉古城被攻破,但原因居然不是阿基米德江郎才尽,而是内部出了叛徒。作为敌方,将军马塞拉斯虽然把阿基米德恨得牙根都痒痒,但是却十分清楚阿基米德的价值——那可是顶得上N多人战斗力的人。他甚至在战前特别下令,任何人都不得伤害阿基米德,但是战场混乱,很多士兵并没有接到命令。

当罗马军队冲进城的时候,阿基米德正蹲在地上全神贯注地研究几何学,丝毫没有发觉已经大难临头。一个罗马士兵发现了他,用武器指着他问话,但阿基米德完全沉浸在几何学的世界中,丝毫没有发觉对面就是敌军的士兵。士兵没有听到回应,不由恼羞成怒,一步冲过去就杀了他。据说,阿基米德死前只说了一句话——"别踩了我的圆"。一代英杰就这样在思考几何学问题时走到了生命的尽头。

图6-2　阿基米德被杀（18世纪马赛克画）

阿基米德与 π

圆周率 π 是个非常重要的数值。人们发现，任何一个圆的周长与直径之比都是一个固定值，这个值就是 π。也就是说，任何一个圆，只要知道直径或者半径，就能够得出周长。

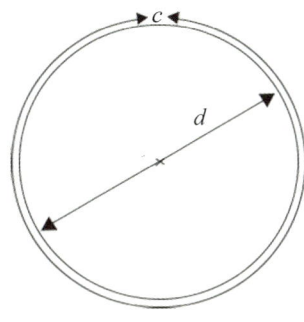

图 6-3　圆周率 π

但是 π 的数值是多少？一般在算题的时候，我们通常取小数点后两位，也就是用 3.14 这个值来计算。但是你知道吗？阿基米德在 2000 多年前就算出这个值了，而且用的是大家现在都会的简单数学方法。

他的方法就是"穷竭法"。穷竭就是无限逼近的意思，穷竭法就是无限逼近的方法。阿基米德的思路是这样的。首先，他发现了两个任何人都可以看出来的公理：（1）一个圆的内接正多边形，它的周长和面积一定小于这个圆，如下页图；（2）一个圆的外切正多边形，它的周长和面积都大于这个圆，如下页图。从这两个简单的现象出发，他开始不断增加正多边形的边数，从正 6 边形一直算到正 96 边形，边数越多与圆越接近。之后，通过计算两个正 96 边形，他得出 π 的精确值应该在两个数字之间，也就是 $3\frac{10}{71} < \pi < 3\frac{1}{7}$，再取小数点后两位，π 值就是 3.14。虽然读起来觉得挺简单，但是他的方法你能想得到吗？化繁为简，说起来容易，做起来难，不但在数学中，在生活中也是一样的。

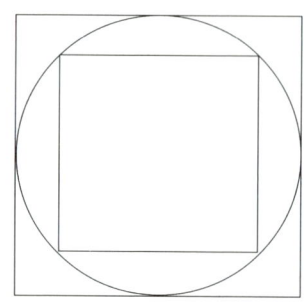

图 6-4　圆的内接正方形与外切正方形

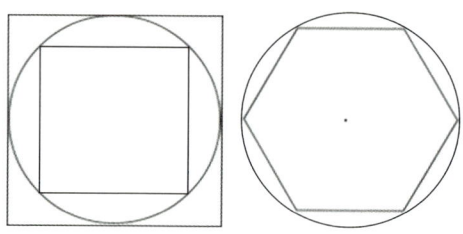

图 6-5　圆内接正多边形，边越多越接近于圆

穷竭法看起来似乎就是个体力活儿，好像任何人只要肯下工夫都能做到。但它的思路却是非常重要的，沿着这个方向再走一步就是近代数学上的极限概念。

π 值的确定非常重要。因为无论是球的体积还是圆的面积，只是表达成一个与 π 和圆半径有关的东西，或者表达成是某个圆的几倍的值，这是远远不够的。很多时候，我们需要的就是一个确定的数值。而只有 π 值确定，才能够把一个表达式变成一个确切的数值。因此，阿基米德的发现是非常重要的。

此外，阿基米德还发现了其他重要的数学规律，这些规律足够让他名垂青史了。比如，他发现球面的面积等于它外接圆柱体表面积的 2/3，而体积也是它外接圆柱体体积的 2/3。也许是因为希腊人对于圆和球有着发自内心的敬畏和喜爱，阿基米德对于这个发现也是非常欢喜的。他甚至留下遗嘱，希望在自己死后，墓碑上一定要刻上这个定律。据说，阿基米德被罗马士兵杀死之后，军团的将军也很无奈，只好把阿基米德隆重地埋葬，并按照他的遗嘱，把表示这条定律的图形刻在了他的墓碑上，以此表达对他的尊重。

"给我一个支点，我就能撬动地球"

"给我一个支点，我就能撬动地球！"这句话一说出口，整个人都充满了抑制不住的豪情壮志，有没有？

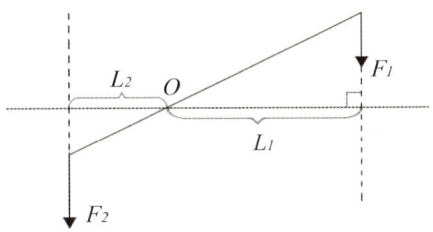

图 6-6　杠杆原理

杠杆原理是物理课本里的重要知识，就是说两个力，如果它们与各自到支点的垂直距离的乘积相等，且在杠杆的两端，那么杠杆可以达到平衡状态，也就是 $F_1 \times L_1 = F_2 \times L_2$，$F$ 指力，L 指支点到力的作用线的距离，也就是力臂。如果只知道杠杆原理的内容，那么，你还远远不能体会阿基米德的可贵之处。杠杆这种工具早在更远古的亚述和埃及就已经被人们使用了，但之前的人只是觉得这样做省力，却不知道为什么省力，直到阿基米德才把其中的原理说清楚。这就是阿基米德的天才之处。而他更天才的一面则体现在他的证明方法上。他用了欧几里德"公理＋演绎推理"的方法证明了杠杆原理，公理仅仅是两个看起来很白痴的前提，那就是：（1）相同重量的物体如果放在任何距离支点相同的距离上，那么能够达到平衡；如果相同重量的物体放在不同的距离上，则杠杆不平衡，向长的一端沉下去。（2）当杠杆两边平衡的时候，在一边放上另外一个重量，那么杠杆不再平衡，向新放重量的一边下沉。基于这样两个前提，阿基米德证明了杠杆原理。所以，人的智力和创造力是很强大的。

除了那句豪言壮语，你一定还听过阿基米德那次著名的洗澡的故事。不得不说他是个天才！古往今来，用澡盆洗澡的人那么多，却只有阿基米德发现了浮力定律。由此可见，这个世界上不只缺少发现美的眼睛，还缺少善于思考的头脑。

据说，希罗王曾经向著名的工匠订购了一只美轮美奂的黄金王冠。大约做王的都有疑心的毛病。希罗王拿到王冠之后，虽然很喜爱，但是不知道这东西是不是纯金的。金匠也不是傻瓜，即便暗中做了手脚也不会把廉价的金属露在表面。所以希罗王犯难了。他有心消除自己的疑虑，又舍不得砸坏这么漂亮的王冠。这

第6章
阿基米德与撬起地球的杠杆

时候,他就想到了阿基米德。他把阿基米德召进宫,让他想办法在不损坏王冠的情况下检验它是不是纯金的。

  阿基米德也很苦恼,但还是答应说回家好好想想。阿基米德冥思苦想了好多天,却一无所获。这天,仆人告诉他洗澡水准备好了,让他去沐浴。也许,他正在思考问题不想被打扰,仆人又怕洗澡水凉了主人生气,只好不断地往澡盆里加热水。直到澡盆里的水都加满了,阿基米德才慢吞吞地踱到浴室。坐入澡盆的一刹那,多余的水哗的一下从盆里溢了出去。阿基米德一愣神,突然灵光一现,想明白了困扰他多日的问题。他欣喜若狂,连衣服都没来得及穿就光着身子跑到大街上,挥舞着双手大喊"尤里

图6-7 阿基米德发现浮力原理

卡"！"尤里卡"就是"发现了"的意思，也就是发现了检验王冠的方法。

他先准备了和王冠重量相同的一块金子和一块银子。之后，他把金块、银块、王冠分别放进三个装满水的水槽，然后收集三个水槽里溢出来的水。我们知道，金子比银子更沉，同样重量的金块和银块，金块更小，所以放金块的水槽溢出来的水应该比放银块的要少。如果放入王冠的水槽里溢出来的水和放入金块的水槽里溢出来的水体积一样，那就说明王冠没有掺假。如果放王冠的水槽里溢出来的水更多，那就说明里面掺了密度小的金属，比如说银，所以体积大了。阿基米德用这种方法检测，既不损坏王冠，又可以发现是否掺了假。

此外，我们在物理课本中学过的"重心"的概念也是阿基米德在2000多年前提出来的。所以，虽然在时空上，阿基米德离我们很远；但是在思想上，他却离我们很近。他智慧的光芒已然穿越千年来到了你我身边。

链接

"尤里卡"

自从阿基米德在大街上裸奔的时候喊出了"尤里卡"，这个词就变得很有名了。从阿基米德的口里说出来，这个词就多了一层含义，似乎不仅代表了人类非凡的创造力，

> 还有那么一点点灵光一现的幸运。创造力与幸运是多少发明家和科学家可遇而不可求的宝贝。
>
> 1985年，欧洲国家为了应对美国和日本的挑战，提出了"尤里卡计划"。这个计划的目的是通过"集中力量办大事"的方式，提高欧洲企业的科研能力，进而提高企业的国际竞争力，从美国和日本大企业的手里分得一杯羹。目前，已经有36个国家及组织参加了这个组织。此外，世界最著名的发明博览会也是以"尤里卡"为名。
>
> 由此可见，"山不在高，有仙则名"这句话是不错的，"尤里卡"从阿基米德的嘴里说出来，就有了名气。

第7章

希腊化时期的观星人

绘制星表的人——喜帕恰斯

喜帕恰斯在公元前 190 年左右出生于尼西亚。在少年时代，他也曾留学亚历山大城。但是，或许不喜欢亚历山大城的氛围，或许城中的权贵不再为科学研究提供支持，喜帕恰斯与阿基米德一样，离开了这个曾经辉煌无比的城市。

为了研究天上的世界，喜帕恰斯在茫茫的爱琴海上，选择了罗德岛作为观测点。可以想象一下，在晴朗的晚上，喜帕恰斯就坐在自己的观象台里，用各种简单的工具观测星空，并记录下每一颗星星的位置。结合巴比伦人的资料，他把自己的观测结果整理成一幅星星的地图——星表。在这张表中，他描绘了 1000 多颗星星，并把很多较近的星星编为一个星座，其中很多星座的名字直到今天还在使用。根据星星的亮度，他还把天上的星星分成了 6 个级别。这张星表是当时所有星表中最完善的一张。在比对前人观测结果的时候，他发现，星星的位置在过去的 150 年中已经发生了改变。这些细微的改变引起了喜帕恰斯的注意，经过反复的思考，他认为一个最可信的解释就是天空不是固定的，而是移动的，周期是 26700 年，这一发现也就是后来的"岁差"。现在，我们知道这一现象的发生不是因为天空在移动，而是因为地轴在摆动。但在当时简陋的条件下，能够注意到这个问题已经难能可贵了。

喜帕恰斯的厉害之处还在于创立了三角函数，并用这种方法推算出了地球的半径。三角函数无论在初中还是高中的课本里，都是重要的数学知识点，但是根本的原理很简单。喜帕恰斯发现，两个直角三角形如果相似，那么对应边之比是相等的。如下图所示，如果三角形 ABC 和 A′B′C′ 相似，那么 $\frac{BC}{AB} = \frac{B'C'}{A'B'}$，并且只要一个角确定，那么比值就是确定的。比如 30° 角的对边与斜边之比就是 1/2，无论这个三角形有多大。因为这些数值实在是太有用了，很多人在工作中都需要它，所以喜帕恰斯索性自己算了一个三角函数表，方便其他人使用。

图 7-1　喜帕恰斯在观测星星

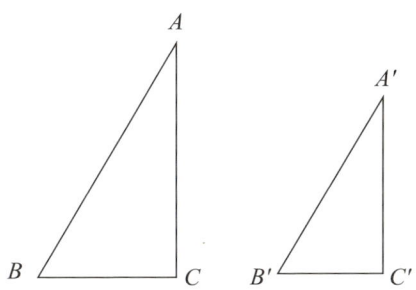

图 7-2　两个相似的直角三角形

还记得柏拉图给他的弟子留下的作业吗？柏拉图要他们拯救天上那些乱走的行星——称之为"拯救现象"。喜帕恰斯当然也想解决这个天文学上的大问题。如何拯救这些现象呢？喜帕恰斯提出了另一个思路，他认为同心球模型实在不是一个好答案，即使亚里士多德把同心球的数量增加到 50 多个，也不能从根本上解释为什么行星有时亮有时暗。所以，他在前人的基础上提出了另一个模型——本轮－均轮模型，如下图所示。

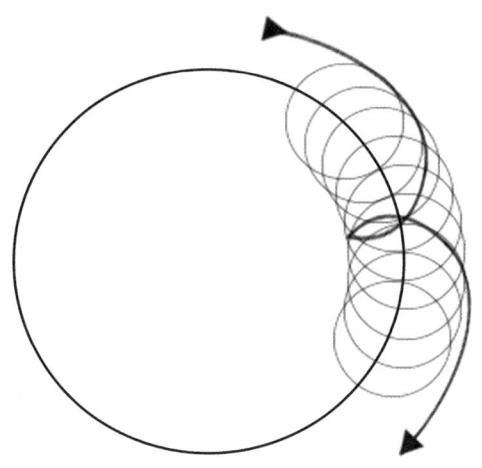

图 7-3　本轮－均轮模型

这个模型既可以解释行星的逆行现象，又可以通过远近的关系解释行星的明暗现象。正是由于它的这些优点，之后的托勒密也很喜欢这个模型。通过进一步修改，这个模型成为了传承千年的正统学说，这就是下一节的故事了。

千年秩序的建立者——托勒密

还记得吗？在之前的章节，我们说到过托勒密王朝。但这里说的托勒密虽然和之前的托勒密王的名字一样，但是这两个人之间没有亲属关系，仅仅是名字一样而已。

天文学家托勒密是公元 100 年左右出生的人，相当于我国东汉早期那个时代。他出生在埃及，据说是希腊人的后裔，而不是埃及的土著。他的观测地点选在了著名的亚历山大城，而不是如喜帕恰斯一样选在海岛上。当时的城市可不像现在这样动不动就雾霾围城，否则托勒密的眼力再好也不可能在城市的夜空里看到 1000 多颗星星。

图 7-4　托勒密

现在的天文观测台都在什么地方呢?

举几个例子,佘山天文台、紫金山天文台、云南凤凰山上的天文台等等,这些天文台一般都选在远离城市的山上。除了我国,外国的天文台,比如著名的格林尼治天文台也是建在小山上。那么,你来想一想这是为什么呢?

思路:一般来说,选在山顶建设天文台并不是因为山顶离星星更近一些,因为这点距离相比于星星离我们的距离来说实在是微不足道。建在山顶一方面是因为城市的光对于山顶的影响相对来说少一点,而更重要的是,山顶的空气更稀薄,水汽、烟尘,以及其他空气污染物更少,这样的环境更有利于准确地观察星星。当然,如果能够在大气层之外建立天文台就更好了,也许不久的将来,我们就可以到太空天文台去看星星了。

图 7-5　格林尼治天文台

上知天文——为宇宙建立模型

托勒密是古代天文学的集大成者，就如同欧几里德是古代几何学的集大成者一样。相比于《几何原本》，托勒密这本书的书名更霸气，叫作《至大论》，就是最伟大的意思。不过，托勒密本人可没有这么狂妄，在这本书流传之初，希腊人只是把它称为《数学汇编》。但就如同传话一样，传得多了，话就走样了。这本书在被翻译成阿拉伯语的时候，不知是故意还是粗心，"伟大"就变成了"最伟大"。这本书从此就被称为《至大论》，由于书中的内容也确实配得上这个霸气的书名，所以这个书名一直沿用至今。在《至大论》中，托勒密沿用了喜帕恰斯"本轮与均轮"的想法，但在这个模型的基础上进行了一些改进，让这个模型能够更好地符合实际情况。也许你会问，既然已经有了观测的数据了，为什么一定要如此费力地构建一个模型呢？这个模型有什么用处呢？

能够观测到星象说明星象已经发生了，那么未来的星象呢？这时就需要一个模型，如果这个模型能够与已经发生了的星象吻合，那么也就意味着它可以帮助人们预测还没有发生的未来的星象。所以宇宙的模型很重要。此外，托勒密还认为他的天文学对于人本身的"道德"也很重要。之前的几章里都提到过，古希腊人认为天上的世界是完美的、不朽的、高贵的、无始无终的。如果人们能够理解天上的那种完美的秩序，那么人类就能够更加接近这种美好和高贵，人的灵魂也会得到净化。所以，建立天体的秩序是很重要的。

在托勒密看来，宇宙的样子是这样的。地球是圆的（这一点亚里士多德已经知道了），并处于整个宇宙的中心区域。之后是月亮的天球、水星的天球、金星的天球、太阳的天球、火星的天球、木星的天球、土星的天球、镶满了所有星星的恒星天球、最高的一层。在他看来，宇宙就到此为止了，整个宇宙只有这么大。太阳系、银河系、各种黑洞之类的我们现在熟知的东西都是在伽利略发明了望远镜之后才逐渐被发现的。托勒密的宇宙就是一个封闭的圆，就如同一颗洋葱。

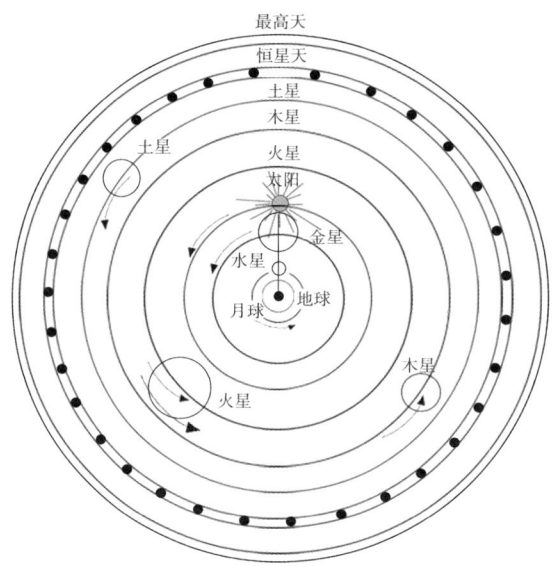

图 7-6　托勒密的宇宙体系

与前人不同，托勒密的目标并不是大概地谈一谈宇宙是怎样运行的，他要的是能够准确地描述行星的运动，比如某一个时刻在哪个位置之类的问题。为了实现这个目标，托勒密对前人的模型做了进一步的调整。一方面，他采用了喜帕恰斯的"本轮－均轮"

模型，以及前人提出的偏心圆模型。偏心圆模型就是说，行星运行的轨道并不是以地球作为圆心，而是另外一个点。

这个"偏心"的设计可以解释为什么从春分经过夏至到秋分的时间要比从秋分经过冬至到春分的时间长几天。试想一下，如果地球处于中心，那么两段时间应该是相等的，而这与实际的观测不相符。另一方面，托勒密也加入了自己的创新。在统计观测数据的时候，托勒密发现天体并不是以均匀的角速度运行的，也就是说，从地球上来看，天体是违背古希腊人一直所信仰的天体做匀速圆周运动的信条的。为了"拯救"这一现象，托勒密设想了一个"偏心匀速点"。他假想，虽然在地球上看，天体不是匀速的，但是从这个"偏心匀速点"来看，天体却依然满足匀速圆周运动的信条。为了准确预测太阳、月亮、行星以及恒星的位置，托勒密大概算出了这个模型中需要的各种参数，并制作了各种各样的天文计算表。他的努力使得具体测算天体的位置成为可能。

一方面，这个模型的准确性已经很高，另一方面，后来的学者们普遍水平不太高，能完全理解托勒密这个模型的人很少，更不用说发明出更好的模型，所以，托勒密的这个宇宙模型统治了人类1000多年。无论是阿拉伯世界还是后来的欧洲，无不尊崇托勒密为宇宙设定的这一秩序，中国也不例外。

没错，我们也受到了托勒密的影响。在明代末期，中国天文学方面的人才凋零，按传统的大统历已经很难准确地预测天象了，钦天监在预测日食和月食方面屡屡出错，惹得皇帝龙颜大怒。而相反的是，如利玛窦之类的西方传教士们却屡测屡准。因此，崇祯皇帝不顾众臣的反对，支持徐光启（与利玛窦一起翻译欧几里德《几何原本》的大臣）建立历局，依靠传教士们的西方天文学知识修改中国历法。不过，《崇祯历书》完成之后，还没开始正式颁行，明朝就灭亡了。之后，这套历法稍加修改，在清朝建立之初，便以《时宪历》为名，成为了清代的基本历法。

虽然这套历法主要依据的是第谷的宇宙模型，但是其中提到最多的天文学家却是托勒密。在这部历书介绍推算原理的部分，托勒密天文学中的很多内容都被包括在内，与介绍第谷天文学的篇幅基本是一样的。而在介绍西方天文学名著的部分，这套历法介绍了托勒密的《至大论》、哥白尼著名的《天体运行论》，以及第谷的两本书，其中《至大论》所占的篇幅最多，比其他三部书的内容加在一起还要多出一倍。由此可见，托勒密的天文学在我们国家的历史上也受到了一定的重视。

下知地理——托勒密的世界地图

如果我们恭维一个人学识渊博，通常会说，这个人"上知天文，下知地理"。如果用这个词形容托勒密，那只能说是实事求是，一点都算不上客气和恭维，因为托勒密真的"上知天文，下知地理"。

除了影响了世界1000多年的天文学著作《至大论》之外，托勒密还写了另一本重要的地理学著作——《地理学》。在这本书中，他解决了一个很重要的问题，那就是如何画地图。你可能会说，这有什么难的，我们教室墙上就有地图啊？是的，但是为什么世界地图看起来都是椭圆形的呢？地球是个球，地球的表面是个圆球,怎么样才能把球面上的内容真实地表达在一个平面上呢?这就是托勒密要解决的问题。

为了解决这个问题,他提出了两种方法:一种方法是画成圆锥形;另一种就是画成大概椭圆形的样子,然后用同心圆的圆弧代表纬线,用另一组曲线代表经线。托勒密觉得两种画法各有优劣,可以都用。但是在《地理学》这本书里,他选择了第二种方法来画世界地图,因为它能够更好地表达球面上的内容。

图 7-7 托勒密的世界地图(出自维基百科)

看看上面这张图,是不是和我们现在的世界地图差不多?更神奇的是,托勒密在当时就已经知道了中国的存在,并把我们表述成盛产丝绸的国家。

但是,没有人不会犯错误,托勒密也一样。比如,托勒密把地球的大小算得小得多。只是由于他太优秀了，后来的人对他充满敬畏，很多人完全相信他的计算。据说，也正是因为托勒密的错误，哥伦布才有勇气开启他的冒险之旅。你猜，如果托勒密计算正确，哥伦布知道地球原来这么大，他是否还有探险的勇气呢？

链接

托勒密与占星术

你是什么星座？这句话是女生聊天的常备话题。为什么会把人和天上的星星联系在一起呢？

对于这个问题，托勒密有很详细的描述。除了《至大论》之外，托勒密还写过一本著名的占星学书——《四书》。很长一段时间里，人们更愿意把托勒密看作一位占星学家而不是天文学家。在《四书》中，托勒密认为，既然太阳可以影响地球的四季，月亮可以影响海洋的潮汐，那就说明天上世界是可以影响地上世界的，也就可以影响到人类的事务。按照人类事务的范围，占星术可以分为两种：一种是天象对群体的影响；一种是天象对个人的影响。我们常说的星座就属于后一种，也就是"生辰占星术"。

生辰占星术认为人出生时刻的天象，也就是天宫图的内容，可以影响一个人的性格、外貌、疾病、兴趣等。托勒密虽然认为天象对个人有影响，但他并不是一个相信宿命的人。也就是说，他并不认为星座能够完全决定一个人一生的境遇，一个人活得好或者不好，幸福或者不幸，是和很多其他因素直接相关的。

那么，星座可不可信呢？从托勒密的论证可以看出，他认为星座能够影响人的前提是承认星星对人是有影响的。但是，随着科学的昌明，我们知道，发光的星星都是恒星，而除太阳之外，离我们最近的恒星也在 4 光年之外，也就是以光的速度都要走四年。其他恒星，包括星座中的那些星星，离我们就更远了。距离这么远的恒星怎么可能对我们个人的生活产生影响呢？所以关于星座，我们还是把它当作生活的调味剂，聊聊就好，千万别当真。

图 7-8　星座

不过，占星学和占星术虽然在现代已经被归入迷信的行列，但古人并不这么看。甚至到了文艺复兴时期，占星学和天文学仍然纠缠在一起，这也就是为什么在我们看来很伟大的天文学家同时也是占星术士，比如第谷与开普勒就时不时地给人算命。因此，要正确地看待占星术。

第 8 章

科学的衰退与沉寂

罗马的兴起与科学的衰退

离希腊世界不远的意大利半岛北部,另一个族群也在不断壮大,罗马开始登上历史的舞台。6世纪末期,罗马开始了它的扩张。首先是统一了意大利全境,渐渐地,罗马的扩张步伐延伸到了西西里、欧洲,甚至是非洲。阿基米德就死在了罗马扩张的过程中。公元31年,罗马成为又一个横跨亚、非、欧三大洲的大帝国,希腊也毫无争议地被纳入了它的统治区。

相比于法律、政治、军事、工程、艺术方面的辉煌,罗马时代的科学发展成就一般。罗马人很是瞧不起希腊人那些抽象且无用的科学知识。从这时起,科学进入了一个长达千年的沉寂时期。直到文艺复兴时期,在古希腊萌芽的科学才开始昂首阔步地走向新的辉煌。

建筑师维特鲁威

虽然想在罗马时代找到一两位与古希腊大科学家在一个量级上的人比较困难,但重要的科学家还是有的,比如维特鲁威。这个人的名字是不是听起来很耳熟?你见过下面这幅达·芬奇的名画吗?达·芬奇就是以这位古罗马工程师的名字命名这幅画的。

第 8 章
科学的衰退与沉寂

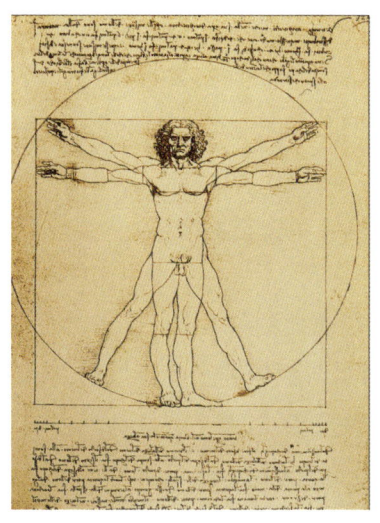

图 8-1　维特鲁威人

　　维特鲁威出身于富有阶层，接受过很好的希腊式教育，据说他可以读懂希腊文。与其他罗马人一样，维特鲁威喜欢能够真正用于实际的那些知识。他是当时相当棒的建筑师，而且作为一个受过良好教育的人，他能够把实践中的工匠技能和知识做进一步的思考和提炼。这些思考凝结成了建筑领域中流传至今的一部重要著作——《建筑十书》，他本人也被认为是建筑学的祖师爷。《建筑十书》中的内容十分丰富，既包括诸如建筑理论、城市规划等较为宏观的问题，又包括供水、装饰等比较具体的问题。除此之外，维特鲁威也对数学和天文学感兴趣，但在这些当时看来没那么有用的方面，他的研究水平和古希腊时代的那些数学天才们相比就差多了。

　　比如，200 多年前的阿基米德已经把 π 的数值精确到了 3.14，而维特鲁威的计算结果却是 3.125，差了不是一星半点。你用圆规和直尺试一试，没准比他算得还要准一些。所以，在强调实用的罗马人这里，精确且抽象的科学实在不是他们的强项。

为科学献身的人——老普林尼

罗马时代另一位重要的科学家是老普林尼。之所以称他为"老"普林尼，主要是为了与他的养子也是他的外甥"小"普林尼相区别，这两位都是历史上的名人。老普林尼在少年时代接受了很好的教育，在行军打仗期间也不忘继续扩展自己的知识。在他的朋友做了罗马皇帝之后，他开始官运亨通，甚至做过罗马的海军司令。但无论在什么时候，只要有时间，他都会认真地读书并做记录。据说，他连洗澡的时候都让仆人在旁边给他读书。这些积累从他的巨著《自然史》中可见一斑。

《自然史》是一部关于自然界的百科全书，总结了近 500 位学者的大概两千多本书，由此可见老普林尼读过多少本书。除了读书，他也亲自观察自然，比如看蜘蛛如何捕食猎物、蜜蜂如何生活、蚂蚁如何搬运，他发现蚂蚁居然和人一样会把死掉的同类埋葬起来。不过，他也同样会犯错，比如他把美人鱼和独角兽之类想象中的动物也记录在案，再比如他说吃鼹鼠还在跳动的心脏可以获得占卜能力。

公元 79 年，维苏威火山大爆发，著名的庞贝城瞬间被埋葬。当时，老普林尼率领的舰队正好在附近驻扎。为了观察火山爆发的情形，他执意奔向火山，最终因吸入火山喷出的有毒气体而窒息死亡。一个热爱自然的生命就此终结。

图 8-2　庞贝古城

老普林尼和他的《自然史》毫无疑问是伟大的,但相比于之前希腊人的研究,《自然史》在科学性方面要稍逊一筹。不过,老普林尼的这部书显然也有罗马的特点,那就是强调"实用"。在老普林尼看来,这个世界上的东西之所以存在就是为了满足人类的需要。

就好像我们中国人习惯于问"这东西好吃吗"一样,罗马人总是习惯于问"这东西能用吗"。所以,在当时看起来没有用的希腊科学也就被罗马人忽视了。

中世纪与科学的停滞

395 年，罗马帝国分裂为东罗马帝国与西罗马帝国。476 年，西罗马帝国灭亡。东罗马帝国（有时也称为拜占庭帝国）却兴衰更替一直延续到 1453 年。我们把从西罗马帝国覆灭后的 1000 年左右称为中世纪。在这段时期，欧洲的科学基本处于沉寂与停滞的状态。

科学在中世纪早期的衰败

由于基督教逐渐兴起并成为罗马帝国的国教，古希腊人追求的知识和学术变成了被仇视的对象。在古希腊科学繁荣的时候，基督教压根还没产生，所以，无论是柏拉图还是亚里士多德当然都不可能是基督教的信徒，更不可能接受基督教的观点。所以，他们被基督徒看作"外人"。这些"外人"的东西自然不可能是为了基督教而写的，因此很多教徒认为古希腊的科学对基督教没有什么用，甚至可能是有害的。这种想法让基督徒们对古希腊

图 8-3　希帕提亚

的学术和知识很反感。承载这些知识的大量学术著作和手稿被基督教徒烧掉了，柏拉图一手建立的柏拉图学园被皇帝下令关闭了。缪塞昂学院的最后一位重要学者，历史上少见的女数学家和天文学家希帕提亚也因为喜爱希腊学术，不信奉基督教，而被基督教徒血腥地杀害了。至此，古希腊辉煌的智力成就被破坏殆尽。

之后，西罗马帝国被"蛮族"所灭。这些被称为"蛮族"的人们生活方式比较原始，文化教育这些方面和古希腊相比，差得不是一星半点。比如在8世纪的时候，西欧的很多贵族都不能读书写字，甚至统治了西欧大部分地区的查理曼大帝也是个文盲。相比较而言，现在中学生的文化水平都要比当时绝大多数成年人高得多。

中世纪也有一些星星点点的教会学校，学生们可以学到一些读写知识以及粗浅的几何、算术、天文学和音乐等方面的知识，但仅仅是聊胜于无而已，进一步发展科学在当时的状况下完全是奢望。

科学的避难所——中世纪的伊斯兰世界

在欧洲世界陷入分裂与衰败的时候，另一支力量却异军突起，那就是信奉伊斯兰教的阿拉伯人。从穆罕默德创立伊斯兰教后，阿拉伯国家日渐强盛。穆罕默德死后，权力传给了哈里发。"哈里发"最初的意思就是穆罕默德的继承人，后来演变成了类似皇帝、国王、领袖的含义。经过历任哈里发的努力，阿拉伯国家的势力越来越大，甚至扩张到了北非和欧洲，把西班牙都划入了版图。这也是在今天的西班牙能看到一些伊斯兰古迹的原因。

相比于同时期的基督教，伊斯兰教对科学的态度要宽容得多，伊斯兰教认为知识无论是对于宗教信仰还是帝国统治来说，都是必不可少的。这样开明的态度为风雨飘摇中的科学提供了理想的避难所，于是，科学的中心逐渐转移到了阿拉伯世界。在公元800—1300年这段时间，伊斯兰世界的科学差不多在所有的领域都代表着世界的最高水平。

830年左右，麦蒙在巴格达建立了"智慧宫"。智慧宫和我们之前提到过的亚历山大城的缪塞昂差不多。设立智慧宫一方面为学者们提供了天文台和图书馆；另一方面也是为了把其他文明中先进的知识译成阿拉伯文为伊斯兰世界所用。翻译工作进行得很顺利，我们之前提到的几乎所有的伟大著作都被陆续翻译成了阿拉伯文，比如柏拉图的《蒂迈欧篇》、亚里士多德的《物理学》、欧几里德的《几何原本》、托勒密的《至大论》和《地理学》等等。在不到300年的时间里，古希腊世界的天文学、地理学、物理学、医学、数学等几乎所有的重要文献都被翻译成了阿拉伯文。可以说，中世纪的伊斯兰世界是古希腊学术的继承者。

阿拉伯人并没有止步于此，而是在不少领域推动了科学的进步。不过，阿拉伯人也和罗马人一样，更关注"有用"的知识。比如，他们研究古希腊天文学、观测天体，并不是像古希腊人那样仅仅是为了追求知识，阿拉伯人更多的是为了实用，比如为了占星算命，或者为了满足祈祷和斋月等宗教活动对准确时间的要求。

又比如，他们在光学方面的贡献很大，其中一个很重要的动机是为了缓解眼病带来的痛苦。由于生活在比较干燥的地区，当地人很容易患眼睛方面的疾病，而眼病的治疗需要对眼睛的构造

第8章
科学的衰退与沉寂

和如何成像有基本的了解,这就与光学有关了。阿拉伯物理学家阿尔哈曾根据自己的多年研究,写出了著名的《光学》,也因此被称为光学之父。现在初中物理课本中讲到的内容,比如光的直线传播、光的折射与反射、小孔成像等等,已经出现在了阿尔哈曾的书里。并且,他还纠正了欧几里德、托勒密这些科学家的一个错误。早期的学者认为,人的眼睛之所以能够看到东西,是因为人的眼睛能够发出光。但是阿尔哈曾则说:"不对,我们能看到东西并不是因为眼睛发出光,而是因为物体把光反射到了我们的眼睛里。"对前人,而且是很多非常著名的前人提出质疑是很需要勇气的,但阿尔哈曾做到了。

再比如,他们对数学的贡献主要体现在更加实用的代数学方面。"代数"这个词就来自阿拉伯数学家花拉子模的一本书——《还原与对消计算概论》。代数学就来源于书名中"还原"这个词,它指把方程一边减掉的项移到另一边变成一个加上的项,在阿拉伯语中还有把折断的骨头接回到原来的位置上的意思。另外,我们从小学习的阿拉伯数字其实是印度人创造的,但是为什么叫"阿拉伯数字"呢?还是因为花拉子模。他将印度数字引入了阿拉伯世界,后来的很多西方人都是通过他的著作学会这种十进制的计数法的,自然而然地以为这些数字是阿拉伯人创造的,因此把这些数字叫作"阿拉伯数字"。直到现在,我们仍然习惯把这套印度的计数法称为"阿拉伯数字"。至于花拉子模本人,他也留在了我们的数学里,英文中的"算法"一词就是花拉子模的拉丁文写法。

后来,由于战事、经济、宗教等一系列的原因,伊斯兰世界的科学从12世纪之后便繁荣不再,并逐渐被后起的欧洲超越。

炼金术

你听说过炼金术吗？很多小说或者电视剧都提到过这种魔法一般的存在。之所以说它像魔法，是因为炼金术如魔法一样玄幻和不靠谱。不过这只是现代人的看法。

在历史上很长一段时间里，人们都是以严肃且认真的态度对待炼金术的。从某种意义上说，炼金术与化学在历史上是很难完全区分开的。很多科学家都有另一层身份——炼金术士，比如牛顿。

无论在古代的东方还是西方，炼金术都是一个梦想。那么为什么人们如此热衷于炼金术呢？为了财富和永生！试想，如果能把破铜烂铁这些便宜的金属变成贵重的黄金，那该多好？！还有什么比造出长生不老药更棒的事情呢？！

早在希腊化时期，西方的炼金术就已经达到了第一个高潮。受到希腊文化的影响，伊斯兰世界也开始重视炼金术，并把西方的炼金术推上了第二个高潮。其中，有个著名的炼金术士叫作贾比尔，他爸爸就是一个药剂师。他提出，金属的基本组成是汞和硫。这两种物质按不同的比例化合在一起就形成了不同的金属，比如贵金属黄金的汞含量比较高，而便宜的金属则硫含量比例高。所以，炼金的基本思路就是增加汞含量，减少硫含量。虽然他的理论在我们看来毫无疑问是错的，因为金属之所以不同是因为组

图 8-4　炼金术士

成金属的元素不同,和汞和硫没什么关系。但贾比尔的炼金术也有积极的一面,他开创了化学实验中定量分析的方法。所以,把贾比尔的炼金术看作近代化学的前奏也不过分。

虽然炼金术已经被踢出了科学的领地,但是它的痕迹还是显而易见的。诸如烧杯、过滤器、蒸馏器等这些化学实验中经常使用的工具其实都是当年炼金术士们的发明。

科学重返欧洲——翻译与大学

在伊斯兰世界的西北方向，欧洲也逐渐发展了起来。从7世纪到11世纪，欧洲的人口开始增加。为了养活这些人，农民们不断地改革农耕技术，粮食的产量大幅增加。随着粮食和人口逐渐增加，欧洲也慢慢强大了起来。卧榻之侧，岂容他人酣睡！攒了些实力的欧洲人开始看不惯周围的邻居，对外征战、对外扩张被提上了日程。

1085年，信仰基督教的欧洲人打败了阿拉伯人，占据了西班牙的托莱多城。当时的托莱多城是伊斯兰世界的学术之城，有很多阿拉伯文的希腊著作。城市易主之后，很多渴望知识的学者慕名而来，在这里把古希腊和伊斯兰世界的科学知识翻译成自己的文字。比如，12世纪最著名的翻译家杰拉德就是从意大利来到托莱多的，并在那里住了40年之久，把自己的一生都奉献给了翻译工作。像托勒密的《至大论》、阿基米德的《论圆的测量》、亚里士多德的《论天》、欧几里德的《几何原本》，以及阿拉伯学者花拉子模的《还原与对消计算概论》等等都由他翻译成了欧洲的文字。除了托莱多，陆续还有很多其他城市成为了翻译家们的"据点"。到了1270年，亚里士多德的著作基本都被翻译成了欧洲人看得懂的拉丁文。通过这些译本，古希腊的学术与知识终于在几百年之后，重新回到了欧洲。

与此同时，在日益富裕的欧洲还出现了大学。大学逐渐成为一个新的学术中心，让科学在教堂和修道院之外得到了发展。

第一所大学就是在这段时间创立的。你知道大学在建立之初模仿的是谁吗？是和高大上的科学几乎搭不上边的手工业者的行会。在一些新兴的城市里，很多手艺人为了保护自己开始"抱成一团"，比如皮革匠们成立了皮革匠行会、酿酒匠们成立了酿酒匠行会。在这些行会中，以这一行为生的人凑在一起共同对付他们的"敌人"，比如想要多征税的政府，或者想抢他们饭碗的外地人等等。第一所正式的大学其实就是学生们自己成立的行会——博洛尼亚大学。学生们决定要给教师多少薪水，如果有教师上课迟到或者上课时间不够，学生行会就会罚钱。当然，也有主要是教师行会的大学，比如之后成立的巴黎大学，老师们凑在一起决定学生们要什么时间支付学费等问题。所以，大学最初是民间自发成立的组织，与政府和教廷的关系都不大。正是这个背景让大学

图 8-5　博洛尼亚大学

从一开始就带着自由的气息。

翻译活动与大学相辅相成，大学的成立让更多的人有机会获得知识，翻译活动刚好把伊斯兰世界的知识送到了面前，而更多的知识也让大学的学习内容更加丰富，吸引了更多的学生，从而需要更多的知识，这又进一步促进了翻译活动。

早年的大学上什么课？

现在的大学都教什么？估计你可以说出很多，比如物理、数学、化学、天文学、外国语、工程、文学、金融、管理、体育、美术……那么，你知道大学在最开始的时候主要都有什么课吗？

其实，早期大学培养的人才很简单，就是神父、医生、律师、行政人员、教师，不像现在的大学可以培养各种各样的人才。所以，当时的大学课程也主要集中在神学、法律、医学这三个方面。

居然没有数学、语文、外语这些科目吗？也不是没有，只是远没有现在这么重要。在当时，所有学问的基础是七门科目，也就是所谓的"自由七艺"，是从古罗马时期一直流传下来的基础课。其中包括语文三门（语法、修辞、逻辑）和数学四门（算术、几何、音乐、天文）。是的，音乐曾经在很长一段时间里都属于数学。不过，在大学刚刚成立的时候，整个社会的文化水平都很低，所以这七门基础课也打了折上折，比如三门语文课只是培养基本的阅读写作能力，而四门数学课只包括简单的算盘、宗教的历法、圣歌以及一些能够用得到的几何知识。等到古希腊人的著作被翻译过来，大学的教学内容才开始变得丰富起来。比如，亚里士多德的学说在当时就备受推崇，很多内容都进入了大学课堂。

不过，教会开始不淡定了，因为亚里士多德的很多说法并不符合基督教的教义。比如，亚里士多德认为宇宙是永恒的，但是根据《圣经》的记载，宇宙是上帝造出来的，是有起点的。所以，在1210年，巴黎的教会宣布，所有的教徒都不应该读亚里士多德的著作。不久之后，甚至教皇都命令大学不得阅读和讨论亚里士多德的书。好在大学一直以来就有自由的传统，所以也没把教皇的话太当回事儿，只是随便应付一下。教皇的禁令反而让大家更好奇亚里士多德究竟说了什么。等风头过去之后，亚里士多德的学说甚至成了巴黎大学一些学生的必修课！

图 8-6　中世纪的学生们在大学上课

第 9 章

继承并超越古希腊

科学的足迹

阴差阳错的革命——哥白尼和他的革命

哥白尼生于波兰，他10岁的时候，父亲去世，改由舅舅抚养长大。青年时代的哥白尼受到了很不错的教育。大学毕业之后，他离开波兰，去了当时学术水平最高的意大利，并在博洛尼亚大学和帕多瓦大学学习。他在学校学习的是法学和医学专业，拿到的学位也是法学博士学位。对天文学的研究纯粹是他的个人爱好。完成学业之后，他回到了波兰，在一个大教堂里找到了一份不错的工作。虽然已经有了正式的工作，但他对天文学的热情依旧，在工作之余，仍然继续他的天文学研究，直到生命的终结。

图9-1　哥白尼

第9章
继承并超越古希腊

在哥白尼的时代,最流行、最正统、最让人信服的是亚里士多德和托勒密的"地心说"。也就是那个洋葱宇宙,地球处于宇宙的中心,且静止不动,周围环绕着相互嵌套的天球。月亮之上的所有星体都做匀速圆周运动,或匀速圆周运动的组合。为了解释行星的停留与逆行,托勒密使用了偏心圆、本轮、均轮、偏心匀速点等一系列复杂的设置。经过一代一代的改进,托勒密的宇宙已经包含了很多轮子。

提到哥白尼,我们一般都觉得他提出了日心说,彻底推翻了前人的学说,所以他的形象应该是个勇敢无畏的革命者。而事实正好相反,他的初衷却是竭力维护古希腊的学说。

哥白尼是古希腊正统天文学公理——"天体一定做匀速圆周运动或匀速圆周运动的组合"——的忠实粉丝。在很多历史学家的眼里,哥白尼不是一个革命者,而是一个守卫者;他是亚里士多德的继承者,而不是开普勒和牛顿的先驱者。在他心里,天体应该如毕达哥拉斯和柏拉图设定的那样,做绝对的匀速圆周运动,而托勒密偏心匀速点的设置在他眼里明显是在违背这一至高无上的公理。因此,哥白尼要做的,是把托勒密的偏离重新纠正回正轨。太阳是在这样的思路下被放在了宇宙的中心。

哥白尼的"日心说"其实也不是我们现在所说的"日心说"。两者的区别主要表现在几个方面。首先,哥白尼认为无论是行星还是恒星,都如亚里士多德所说,是镶嵌在巨大且透明的水晶天球上;其次,宇宙还是封闭的,最外层是那个镶嵌了所有星星的恒星天球,他的巨著《天体运行论》中的"天体"指的也并不是星星,而是镶嵌着星星的这些水晶天球;第三,哥白尼坚信所有行星的运动都是匀速圆周运动或者匀速圆周运动的组合，而不是我们现在所认为的椭圆运动轨迹。所以，科学是一步一步前进的，再天才的科学家也逃不开时代的限制。

　　慑于教会的权威，哥白尼在提出"日心说"之后，没敢轻易出版。直到他的学生雷提卡斯反复劝说，他才动了心。负责具体出版事务的是教长奥西安德。为了不给自己和哥白尼添麻烦，他擅自加了一篇序言，特别指出"日心说"只是一个数学假说，而不是真实存在的，让大家不要当真。因为是这本书的序言而且没有署名，很多人都以为那是哥白尼的看法。据说，当《天体运行论》出版完成之时，哥白尼已经油尽灯枯。他拿到这本书，只抚摸了一下书皮就与世长辞了。还有另外一种猜测，传说缠绵病榻的哥白尼拿到书之后正好翻看到序言，发现奥西安德居然曲解他的意思，于是被气死了。但是无论怎么说，正因为奥西安德的这篇序言，哥白尼的学说没有引起教会太多的注意，因为在很多教会人士看来，"日心说"就是个数学上方便运算的假设，仅此而已。

链接

日心说是哥白尼提出来的吗？

　　日心说是哥白尼提出来的吗？一般的书里都是这样写的。但是这并不代表在哥白尼之前没人有这个想法。大概在欧几里德的时代，已经有一位希腊人提出过太阳处在宇宙

链接

中心的想法。他的名字是阿里斯塔克，与毕达哥拉斯同乡。

他认为星星不是绕着地球转的，而是绕着太阳转。不过当时的人对这种说法很不以为然。他们反对日心说的理由也是很充分的，比如如果地球是动的，那么为什么从手里掉下去的杯子没有落在后面呢？而且如果地球是运动的话，那么地球离某一颗星星的距离必然是时而远时而近的，但是从地球上观察星星，并没有出现这些变化。所以，阿里斯塔克的日心说并没有得到人们的重视。

现在我们知道，之所以杯子没有掉到后面去，是因为惯性的作用，而星星看起来没有什么变化是因为地球轨道的大小和与星星的距离相比实在是微不足道，因此地球绕太阳的运动让星星看起来没有什么变化。

哥白尼在提出日心说的时候也碰到了同样的问题，但他的回答也没有特别让人信服。对于杯子的问题，哥白尼只是说地球运动的时候，地球周围的东西都是随之运动的，至于为什么运动，哥白尼没能说清楚。对于星星的问题，哥白尼解释的思路是对的，他也认为原因是星星与地球的距离要比地球的运动轨道长很多，所以地球的运动根本不能影响我们看到的星星的样子。但是，在他看来，所有的星星还是镶嵌在最外层的天球上，所以他认为星星与地球的距离指的是这个最外层天球到地球的距离，而不是我们现在所认为的其他恒星本身距离地球的远近。

第谷的折中

如很多那个时候的科学家一样，第谷也出身于贵族家庭，但含着金汤匙出生并不代表只会炫富，第谷炫的恰恰是才华。作为贵族子弟，第谷自小受到了很好的教育，13岁就上了大学。因为一次偶然的机会，14岁的第谷爱上了天文学。17岁开始，他就自己买了仪器进行天文观测，26岁的时候，他发现了一颗新星，而且这颗星特别亮。他把这项成果记录了下来，并写成了一本小册子。我们现在所说的"新星"这个词就出自这本小册子。

图 9-2 天堡的"大墙象限仪"

出现了一颗新星在我们现在看来是很正常的一件事，但是在当时却引起了很大的轰动，因为它说明自古希腊以来天文学家一直信奉的一条公理是不正确的。这条公理就是，天上世界是不变与永恒的。而一颗新星的出现说明天上世界也是变化的。当时的丹麦国王非常欣赏第谷，把汶岛连同上面的农庄和农户一起给了第谷，还附赠了一笔修建天文台的钱。第谷在汶岛上建立了天堡和星堡两座天文台，其中不但有图书馆、观测室、仪器设备生产厂，甚至连造纸作坊和印刷厂都有。工欲善其事，必先利其器。由于仪器设备精良，第谷的观测数据在望远镜发明之前，绝对是一流中的一流。

1577 年，一颗彗星造访地球，第谷对它进行了详尽的观察。自古希腊以来，人们都深信天上世界是不变且完美的，天上的所有星星都是镶嵌在坚硬的水晶天球上的。因此，古希腊先贤们一直认为彗星和流星这些变化的东西并不属于天界，而是大气中的现象。但第谷根据自己的观测，确信彗星是天上的现象。而且彗星的运行轨迹也明显是穿梭于天球之间的，这说明人们一直以来深信不疑的固体水晶天球可能根本不存在！虽然这个发现很具颠覆性而且违背了当时天文学的基本信条，但第谷还是勇敢地公布了自己的成果。

在讨论彗星的这部书里，他还提出了自己的宇宙模型。虽然他很佩服哥白尼的几何功底，但始终无法说服自己相信"日心说"。一方面，哥白尼对于其他人的质疑没有给出很好的解释，比如，如果地球是运动的，那么为什么我们看到的恒星的位置却没有变化；另一方面，《圣经》中没有说太阳是静止的。第谷考虑再三，决定提出一个折中的体系：五大行星确实是围绕太阳在运动，但是太阳和月亮却围绕着静止且居于中心的地球做圆周运动。

第谷的模型在西方的影响并不大，而且很快就被抛弃了。不过在中国，它却获得了官方的承认。在明代，历法方面出现很多问题之后，崇祯皇帝下令用西方天文学的方法修改中国的历法，最后编成了《崇祯历书》。这套新历法的基本理论模型就是第谷体

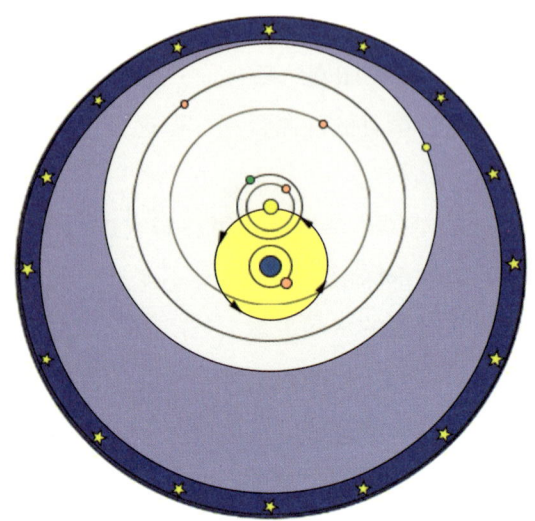

图 9-3 第谷的宇宙体系

系。但新历书还没有来得及正式颁行，明朝就灭亡了。这套历书一直保存在传教士汤若望的教堂里。清军进入北京之后，汤若望上书多尔衮，介绍这套历法。1644 年出现了一次日食，汤若望与中国官员比试，看谁测得准，结果汤若望完胜。顺治二年，多尔衮赐名新历为《时宪历》，并正式颁布。从此，第谷的体系成为清代一套官方历法的基础。

第谷的鼻子

你能从下面的图片中看出第谷的鼻子是假的吗？是的，第谷有个假鼻子。

1566年，年轻气盛的第谷和另一个丹麦贵族子弟在大学里决斗，结果自己的鼻子被削掉了。为了美观，第谷只好无奈地做了个假鼻子。第谷出身贵族又不缺钱，一般人都会觉得他的假鼻子一定价值不菲，会采用金银之类的贵重金属制作。但在1901年，当人们重新掘开第谷墓的时候，却惊奇地发现他的鼻尖是绿色的，这说明假鼻子里含有不少的铜。不得不说，历史学家有的时候也是很八卦的。

图9-4　第谷

为天体运动立法的人——开普勒

相比于第谷，开普勒的童年就比较寒微。他生于一个贫困的家庭，而且因为父亲是个军人，长期不在家，他能够感受到父爱的机会也不是很多。母亲虽然陪伴在他身边，但一心修炼巫术。也许开普勒的神秘气质就是从母亲这里遗传的。

为了找到一份好工作，开普勒在大学学的是神学，学成之后有机会成为牧师。在此期间，他听说了哥白尼的学说并成为了他的铁杆粉丝。大学毕业之后，他没有去做牧师，而是做了一名教授数学和天文学的大学教师。因为课讲得比较枯燥，第二年居然没有一个学生愿意来上他的课。正好，开普勒可以全心全意地研究天文学了。

对于天上的世界，开普勒坚信它一定存在一种神秘的和谐，而他给自己的任务就是找出这种和谐究竟是什么。他首先关注的是行星轨道的数量关系。让他兴奋的是，行星的轨道恰好与五种正多面体相切合。如下页图，里面一层的行星轨道刚好在外一层行星轨道内接正多边形的内切圆上。为什么是这个规律？怎么能够发现这样的规律？不知道，也许这就叫灵感。开普勒发现这个规律之后，非常兴奋，赶紧写了一本叫作《宇宙的秘密》的书。当然，神秘气质虽然帮助他找到了这个规律，但也不是百试百灵的，比如他认为由于正多面体只有五种，所以宇宙中也必然只存在6颗行星。这个判断当然是不对的。

《宇宙的秘密》出版之后,第谷也读了,并对开普勒印象很深,于是,他邀请开普勒来做自己的助手。开普勒应邀来到第谷这里,帮助他整理数据。在这段日子里,开普勒不仅看到了丰富的观测数据,而且学会了处理数据的方法。更重要的是,开普勒从第谷的身上学到了对事实的尊重。据说,第谷在临终之前还在叮嘱开普勒科

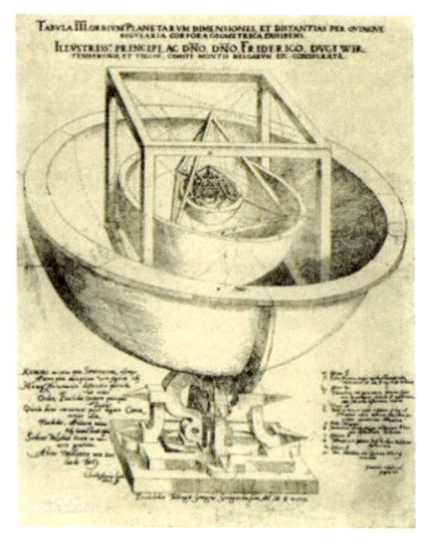

图 9-5　开普勒的正多边形轨道模型

研要尊重事实。第谷去世之后留给了开普勒很多珍贵的观测数据。

有一次,开普勒发现,无论他怎么计算,结果和第谷的观测数据都有微小的 8 弧分的差距。因为时时刻刻记着第谷的叮嘱,他并没有放过这微小的 8 弧分。经过艰苦的努力,他发现,用椭圆形来拟合行星的轨道,结果刚刚好。于是他得出了行星的运行轨道是椭圆形的结论。这个发现彻底颠覆了两千年来一直被信奉的正圆轨道的学说。不久,他又发现了另一个新规律,那就是火星绕太阳运动时,火星与太阳的连线在单位时间内扫过的面积是相等的,如下页图所示。这就是后来的开普勒第二定律。在 1618 年出版的新书《哥白尼天文学概论》中,他又宣布了行星的公转周期的平方与离太阳距离的立方成正比的规律,也就是开普勒第三定律。说起来好像很容易,但是你知道得出这些结论有多难吗?

除了天赋、灵感、运气，开普勒还投入了整整6年的时间，做了长达900页的计算记录。要知道，那可是一个没有电脑和其他任何电子计算设备的年代！

至此，统治了人类千年的古希腊宇宙模型完全崩塌了。天上世界的规则由开普勒重新建立，因此，开普勒也被称为"天空立法者"。

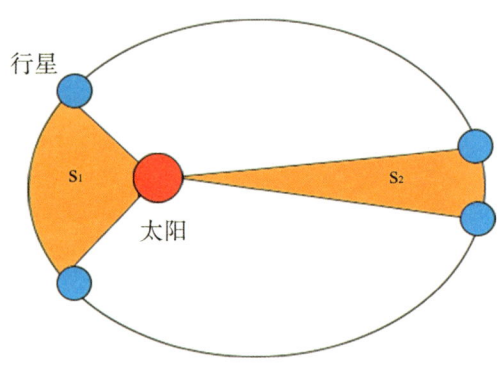

图9-6　开普勒第二定律

链接

开普勒与占星术

你听过"今天出门没看黄历"这句话吗？这句话的意思就是说今天比较倒霉。黄历就是有点算命色彩的日历，上面写着今天适宜干什么不适宜干什么。西方也有这种传统。

开普勒没有第谷那么丰厚的家底，所以生活一直比较

> 拮据。而他的生财之道就是不断地编写那些类似于黄历的小本子。当然他也精通占星术，时不时给人算命也能捞点油水。连开普勒自己都曾抱怨说："如果女儿占星术不挣来两份面包，那么天文学母亲准会饿死。"可见，占星术远比天文学赚钱容易。
>
> 如果你稍微了解一点开普勒的生平，可能就会有疑问，因为在第谷死后，开普勒一直都是宫廷的天文学家，怎么可能沦落到这个地步呢？是的，开普勒的确一直是宫廷天文学家，但他总是被拖欠工资，甚至一拖欠就是二十多年。1630年的冬天，开普勒在去讨工资的路上生了病，不幸去世了。所以，拖欠工资不止在现代，在古代也是件"要命"的事啊。

图9-7 开普勒

第10章

力与运动
——伽利略与牛顿的时代

执着于真理的伽利略

伽利略1564年2月15日出生于意大利的比萨,但不知为什么却总是喜欢说自己是托斯卡纳人。他的父亲是当地美第奇宫廷的乐师,很喜欢数学。为了不让伽利略受到数学的"勾引",据说在伽利略19岁之前,他爸爸都没让他知道还有数学这回事儿。在伽利略上大学的时候,他爸爸坚持要他学医学,因为医生是个收入很不错的职业。但是伽利略却在大学里偶然接触到欧几里德的几何学,之后,便一发不可收地爱上了数学,并果断地放弃了医学。

你一定很奇怪,伽利略的爸爸为什么反对他学习数学呢?因为在伽利略的那个年代,数学无论在社会地位上还是学科地位上都不高。论社会地位,学习数学的人很不好找工作,收入要比学习医学的人差很多。论学科地位,哲学远比数学受重视,当时的人们认为哲学探究的是原因,而数学仅仅是描述而已。同样是教授,数学教授在大学的地位要低得多。当伽利略在帕

图 10-1　伽利略

多瓦大学做数学教授的时候,他的薪水只有神学教授的八分之一。在生活的重担之下(他有3个孩子,父亲死后,伽利略作为长子,还要抚养弟弟,并为妹妹们准备嫁妆),伽利略只好通过各种方式赚钱,比如为外国学生提供饭菜,在大学之外私人招收愿意学习占星术的学生,还发明一些诸如"几何与军用罗盘"和温度计这些小玩意卖钱。

但命运之神还是眷顾伽利略的。1609年,望远镜改变了这个二流大学不起眼的数学教授的命运。当时的荷兰人发明了类似望远镜的东西,伽利略偶然听到了这个消息,觉得自己能做出性能更好的望远镜。果然,他只花了很短的时间就搞清楚了望远镜的原理,并很快做出了更好的望远镜。之后,他把望远镜转向了天空。

这一次,伽利略彻底改变了人类对天上世界的看法。名声大噪之后,他收到了美第奇宫廷的邀请。鉴于哲学家和数学家在社会地位上的巨大差别,伽利略在接受邀请的时候,提了一个要求,那就是要拥有"哲学家"这个头衔,以安慰他那颗受伤的心。最后,伽利略如愿以偿地成为美第奇宫廷的首席数学家和哲学家。

由于伽利略坚持哥白尼的学说,并公开宣称哥白尼的学说不仅仅是一种数学的假说,而且是真实存在的,所以教廷再也不能当他不存在了。早在1611年,教廷的宗教审判所就已经开始注意他了。1615年,宗教审判所又收到了很多举报,并于1616年警告伽利略不得支持和坚持哥白尼的日心说。收到警告之后,伽利略只好暂时放下了对日心说的研究,正经"收敛"了一段时间。

科学的足迹

图 10-2　对伽利略的审判

　　不久之后,老教皇去世,新教皇走马上任。这位新教皇乌尔班八世正是伽利略的朋友。新教皇起初对伽利略很亲和,两个人的私交也不错。乌尔班八世甚至默认他可以重新研究日心说,只是要求他公平地对待托勒密和哥白尼两人的学说。但最终也正是这位朋友把他扔进了宗教审判所的审讯室,甚至在他死后,连个体面点的葬礼都被教皇驳回了。1633 年,69 岁的伽利略拖着病体被迫于公开场合下跪起誓放弃日心说。不过,据说,在被转送的过程中,伽利略在从囚车上下来的瞬间,弯下腰摸了一下地,仍然喃喃地说道:"看,地球还在动。"

　　伽利略从此被软禁直到离开人世的那一天。但他并没有因此一蹶不振,即使在被软禁期间也继续着自己的研究,甚至又出了一本书——《关于两种新科学的谈话》。

望远镜中的天上世界

做出望远镜之后，伽利略大胆地把它指向了当时人们心中完美的天界。结果却让人大跌眼镜，他不仅没有续写天界的完美，反而发现天界如地界一样不完美且充满了变化。

小时候，我们都背过一首李白的《古朗月行》，其中有两句是形容月亮的样子——"小时不识月，呼作白玉盘。又疑瑶台镜，飞在青云端。"诗中的月亮如白玉盘和瑶台镜一样光滑无瑕。古时候的西方人也是这样想的，自古希腊以来，人们一直认为天上世界是完美的、不变的、永恒的，所以月亮也是完美的。这并不是说人们没有发现月亮表面看起来有阴影的部分，但人们固执地认为那是因为地上世界的云或者其他因素所致，而不是月亮本身不完美。

但伽利略从望远镜中所看到的却是另一番景象。月亮表面不仅不如白玉一样光滑，反而是坑坑洼洼的，还有山脉和类似火山口一样的东西，就好像一张长满了青春痘的脸一样。之后，他又发现了太阳的黑子，这说明太阳也不是完美或毫无瑕疵的，他的一系列发现沉重地打击了人们信奉了千年的信条。

紧接着，他又发现了很多人们之前用肉眼看不到的新星星。比如看起来如发着光的气体一样朦朦胧胧的银河原来是由无数恒星组成的。又比如，他发现了土星有两个小"耳朵"，也就是我们现在知道的土星环。再比如，木星有四颗卫星，这说明天空不仅有一个中心。他把木星的四颗卫星命名为"美第奇星"，目的当然是为了取悦当时统治托斯卡纳地区的统治者。这一招令美第奇家族很受用，于是对方也投桃报李，聘任伽利略为宫廷首席数学家和哲学家，大力支持伽利略的研究。

如果天上世界是变化的，是不完美的，那么可不可能太阳是处在中心，而地球是在动的呢？还记得人们为什么反对日心说吗？其中很重要的一条理由就是如果地球是运动的，那么为什么手里的东西不是掉在后面而是垂直落到地上？还记得吗？哥白尼只是模模糊糊地说明了一下，并没有强有力地回应。而伽利略认识到了"惯性"的概念。也就是说，运动的物体如果没有推动者，那么将匀速运动下去。虽然"惯性"这个概念在课本中并不是一个特别难理解的概念，但简单并不意味着不重要。如果身处那个时代，你就会明白"惯性"的提出是多么伟大！伽利略发现的"惯性"就能很好地解释哥白尼遇到的问题。之所以地球在动而手里的东西没有掉到后面去，那是因为所有的物体都有惯性，会随着地球一起运动。这一点让日心说更有说服力了。

之后的牛顿把这个发现称为"牛顿第一定律"，但是伽利略的惯性与牛顿的惯性并不完全一样。不同之处在于，牛顿的惯性是直线方向上的惯性，也就是运动的物体在没有推动力作用的情况下，会沿着水平方向做匀速直线运动。但伽利略的惯性是圆弧上的，也就是运动物体在没有推动力作用的情况下，是沿着平行于地球表面的圆弧做匀速运动的。

在一系列新发现的基础上，伽利略有理有据地支持了哥白尼的日心说。而且，伽利略文笔好，还把新发现和新想法用大家能看懂的意大利文通俗地表达了出来，他的书一印出来就脱销了，一下子引起了广泛的关注。

在比萨斜塔上扔过球？

你一定听说过伽利略在比萨斜塔上扔下两个不同重量的铁球，结果两个铁球同时落地的故事。然而，历史学家们根据考证，认为没有证据说明伽利略曾经在比萨斜塔上做过这个实验，也就是说，这个故事很可能是后人杜撰的。

证据是这样的，这个故事第一次出现是在1657年之后，也就是伽利略去世的15年之后。据说，伽利略做这个实验的时间是在1589—1592年这个时间段，但是根据伽利略的手稿，他对自由落体问题有正确的认识是1604年之后的事情，所以怎么可能在更早的时候就设计实验去验证一个自己还没有发现的定律呢？而且，伽利略本人从没有提到过这个实验。所以，多数人认可的事情未必存在，也未必正确。

无论如何，伽利略确实发现了自由落体的运动定律。不过，他和亚里士多德推出地球是圆形的过程一样，都是从一个错误的前提出发，却推出了正确的结论。最早，伽利略认为速度是和下落的距离成正比，在这个前提下，两个重量不同的物体从相同的高度落下当然可以同时落地。幸运的是，伽利略在之后发现并修正了自己的错误，认识到了速度并不是与距离成正比，而是与时间成正比。这也就是我们现在所说的匀加速运动。伽利略在定义了匀加速运动的同时，也顺便定义了匀速运动，也就是质点在相同的时间内经过相同的距离。

伽利略的实验是如何计时的？

假如你穿越回伽利略的时代，你要如何做单摆实验或者小球的斜面实验呢？钟摆、斜面、小球或许好找，但是你要用什么计算时间呢？要知道，伽利略的时代可没有秒表或者机械钟、石英钟之类的计时工具。如果是你，你会怎么做呢？

伽利略的办法是用脉搏、"水钟"。比如，在做单摆实验的时候，就用自己的脉搏计时，并发现单摆摆动一周的时间与幅度和摆球的重量没有关系。在做斜面实验的时候，他自己做了一个"水钟"。也就是通过测量实验开始和结束时流出的水的重量来确定时间。此外，伽利略也曾用音乐节拍计时。请问，你还有更好的办法吗？

伽利略在力学方面做出了很多重要的贡献，但这些并不是最重要的。最重要的是，伽利略彻底改变了研究运动现象的思路，为后来包括牛顿在内的科学家们指明了前进的方向。在亚里士多德的传统里，研究运动的重点是找出原因，也就是不断追问运动为什么发生，比如自然运动的原因是物体要回到它的自然位置。物体是如何运动的并不是研究的重点。而伽利略转换了思路，他强调的是物体运动的具体过程，用时间、空间、速度这些可以测量的量准确地描述物体是如何运动的，并从中提炼出运动的法则，而不去管物体运动的最终原因。通过转变思路，物理学迅速地发展了起来。

非凡的牛顿

在伽利略去世的那一年，牛顿出世了，这让一部分有神秘气质的人产生了丰富的联想，比如牛顿是不是伽利略转世之类的猜测。不仅如此，牛顿正好出生于圣诞节，也就是与耶稣基督的生日相同，而且，和耶稣基督一样，牛顿没有父亲，他的爸爸在他出生之前就去世了。因此，又有一些人觉得牛顿之所以有如此高的天分也许是受到了耶稣基督的特别眷顾。无论这些推测是多么的不靠谱，但至少说明了一点，那就是牛顿的天赋和成就已经达到了让人羡慕的程度了。

牛顿出生后不久,他母亲改嫁,牛顿被送去外祖父母家。缺少父母之爱的少年牛顿,性格孤僻,敏感又偏执,甚至还有点神经质。在小学期间,牛顿的学习成绩并不突出,直到中学时代,他才显露出学业方面的能力。

1661年,牛顿去剑桥三一学院上大学,4年之后,牛顿毕业。就在这时,伦敦暴发了严重的瘟疫。为了躲避瘟疫,他回到了母亲在乡村的农场,并在那里住了两年。虽然外面的世界很混乱,但是农场里却是一片安详。在这两年里,牛顿的创造力大爆发,发明了微分运算,研究了颜色,推算出了行星运行的向心力和距离之间的平方反比关系等等。

瘟疫平息之后,牛顿回到了三一学院。1669年,他的老师巴罗在辞职之前向学校推荐了牛顿。27岁的牛顿顺利地得到了卢卡斯数学教授的职位。1686年,伟大的《自然哲学的数学原理》完成,随后为牛顿带来了巨大的社会声望,甚至让牛顿当选了国会议员。只是,这个伟人也相当有性格,在开会的时候从不发言。据说,只有一次,他庄严地站了起来,在众人热切的期待中只说了一句,"请把窗子关上",然后就坐下了。

与此同时,牛顿一直在孜孜不倦地探索炼金术。古代的人们对待炼金术的态度是很认真的。他探究炼金术并不是为了得到金子和长生不老药,而是为了追求自然界中的真理,他希望用炼金术找到支配自然的力量。不过这一次,幸运女神没有继续眷顾这位天才。

或许由于终日浸于各种有毒的蒸汽与烟气中,或许由于对炼金术的失望，或许由于人际关系方面的问题，牛顿曾经历了长达18个月的精神失常，甚至可以说患上了严重的精神疾病。又经过一系列的事件，牛顿才逐渐恢复正常。

1696年，牛顿接受邀请，出任铸币厂的督办，为英国社会供应货真价实的金属货币。

图 10-3　牛顿

1703年，牛顿众望所归地接任了英国皇家学会会长，成为英国科学界举足轻重的人物。两年后，牛顿获封爵士，从此，人们称他为艾萨克爵士阁下。1727年，伟大的牛顿离开了人世。

英国著名的诗人蒲柏这样形容牛顿：

大自然和自然律，隐匿在黑暗里。

上帝说，让牛顿出生！

于是，光耀万物。

牛顿眼中的光

早期的科学家往往既是天才又是全才。牛顿最为出名的成就是发现了万有引力定律，但是他最早关注的却是光的问题。即使没有后来的一系列重要成就，仅仅是他对光学的贡献就足以使他名垂青史。

自从伽利略发明了望远镜之后，大家对这个有趣的工具很感兴趣，牛顿也不例外。有一天，在磨望远镜的镜片时，他发现，当光穿过镜片边缘的时候，出现的不是白色的光。

为了进一步研究为什么光穿过透镜的边缘会出现不同的颜色，他在 1666 年的时候开始了光的颜色实验。当时的人们早就发现用三棱镜可以产生如彩虹一样的颜色带。我们现在知道，这就是色散现象，原因是不同颜色的光有不同的折射率，但是当时的人们并不是这样解释的。比如有的人认为，之所以出现这种现象是因为光穿过的玻璃越厚，留下的光越少，颜色就越暗淡。比如，在玻璃比较薄的地方，穿过玻璃的光比较多，但比没穿过玻璃的时候还是要少的，于是光从白色变成了比较暗淡的红色；而在玻璃比较厚的部位，白光穿过之后留下的光要少于穿过玻璃比较薄的地方留下的光，所以光的颜色要比红色暗淡，出现了绿色，以此类推，在玻璃最厚的地方，穿过玻璃的光最少，颜色也是最暗淡的紫色。这听起来似乎挺有道理，不是吗？

牛顿开始思考，如果这个说法是正确的，那么让红色的光穿过另一个棱镜的时候，就可以产生更加暗淡的绿色和蓝色。但是结果和他预想的并不一样，红色的光无论怎么样穿过透镜都是红色的，根本没有变成绿色或蓝色。所以，牛顿确认，这个说法并不正确，颜色不是因为光的量多或量少，而是光本身的一种特性。蓝光无论多少，都是蓝色，不会因为量多而变成红光；红光也一样，多么微弱都是红色，不

图 10-4　牛顿的双棱镜实验

会因为量少而变成蓝色。进而，牛顿发现，白光并不如人们想象的那样纯粹，而是一种由各种颜色的光混合而生。

他把自己关于光的研究写成了一篇论文交给了英国皇家学会，也就是后来他成为会长的那个著名科学组织。在这篇文章中，牛顿支持了光的粒子说，也就是说光的本质是如小球一样的非常小的粒子。与其相对应的是光的波动说，即认为光的本质是波。另一位皇家学会的著名科学家胡克立刻提出反对意见，并对牛顿进行批评。我们在前面介绍过，牛顿本来就是个很敏感的人，因此他非常讨厌和憎恶胡克的批评。他们两人在光学问题上争论了很久，牛顿对此厌恶不已，这也导致牛顿在很长一段时间都不再公开发表文章，对光学的研究也告一段落了。

天与地的统一——万有引力定律

你一定听说过牛顿与苹果的故事。熟透了的苹果从树上掉了下来，正好砸在牛顿的头上。牛顿因此灵光一现，发现了万有引力。这个故事最早出现在一本牛顿的传记中，不过这件事究竟是不是真的就不知道了。从最近公布的一份证据来看，虽然有苹果，但是苹果没有砸到牛顿的头上，而是落到了地上。牛顿只是看到了这个过程。不过有一点是可以确定的，那就是万有引力的发现绝对没有那么简单。即使苹果真的砸到了牛顿，也只是促进了牛顿对这一问题的思考，绝对不可能立刻就得出万有引力定律。要知道，从有了想法，到真正完成对万有引力的研究并发表，至少经历了漫漫二十多年的时间。这说明，无论多么聪明的头脑，如果想在科学领域出类拔萃，也必须付出艰辛的努力。

早在1666年牛顿在乡间躲瘟疫的时候，他已经开始思考关于万有引力的问题，并从开普勒第三定律推算出了行星运动所需要的力与行星的轨道半径的平方成反比的关系。这个推论并不难，除了牛顿，让他头疼不已的胡克也得出了这个推论。但问题是，在满足这个条件的力的作用下，行星的运行轨迹究竟是什么。也许你会问，开普勒不是已经知道了行星的运动轨迹是椭圆吗？是的，开普勒的确知道这件事而且得到了数据的支持。但现在的问题是，为什么是椭圆形？

这个问题难倒了很多人，上一任英国皇家学会会长雷恩开始悬赏征集正确的证明方法。哈雷为此特地到剑桥大学请教牛顿。牛顿听完他的问题之后，很肯定地说："那肯定是椭圆。"哈雷非常吃惊地问道："你怎么知道？"牛顿无所谓地耸耸肩说："自然是我已经证明出来了。"哈雷马上就要看这份证明，但是牛顿找了半天也没有找到，就告诉哈雷先回去，让他再找找，如果实在找不到，大不了再证明一次。这一次，牛顿花了3个月的时间，最终证明了行星的运动轨迹。

接着，牛顿通过微积分证明了同一物质组成的球对于其他物体的吸引力等于这个球中心的一个同样质量的点对其他物体的吸引力。这一简化让牛顿可以把地球对一个苹果的引力与地球对一个天体的引力算出来。经过一系列的计算，牛顿发现两种力遵守相同的法则，也就是说，天上的力与地上的力本质上是相同的。

牛顿的创造力彻底打破了自古希腊以来人们一直坚信的"天上是完美，地上是不完美"的信条。从此，天不再神圣，地不再卑微，天与地共同遵守着一套自然的法则。

但即使天才如牛顿也不可能解决所有的问题，比如他不能说明"为什么存在万有引力"以及"万有引力是怎样产生的"等问题。可以说，解决了一个问题也意味着开启了一系列的新问题，因此，科学之路没有尽头，科学的故事也仍在继续。

第 11 章

燃素与氧——化学的兴起与革命

炼金术与近代化学

无论是东方还是西方，炼金术的存在由来已久。当时的人们对炼金术的态度是很严肃的，并不认为炼金术属于伪科学，甚至如牛顿这样的伟大科学家也在炼金术方面耗费了大量的心力。虽然在今天，炼金术已经不属于科学的范畴，但是不得不承认，炼金术也有其积极的一面，比如在一定程度上推动了现代化学的兴起。

在炼金术转向化学的过程中，不得不提到一个非常有趣的人物——帕拉塞尔苏斯。这个人本名是菲利普斯·德奥弗拉斯特·博姆巴斯茨·冯·霍恩海姆，名字真是够长。帕拉塞尔苏斯是他自己给自己起的名字，"帕拉"的意思就是超过，"塞尔苏斯"是古罗马时代一位非常著名的医生。他给自己取这个名字的意思就是要超过古代的这个神医，就和我们中国人说的"赛华佗"的意思差不多。但是"赛华佗"这种名号一般都是别人给取的，代表大家对这个人的恭敬，但是帕拉塞尔苏斯的名字是他给自己取的。这一方面代表了他要超越古代神医的信心，另一方面也代表了他的狂妄。他曾在上课的时候把在当时被奉为经典的盖伦的著作烧掉了，还曾夸下海口说，著名医生盖伦和阿维森那懂的都不如他的扣子多、古往今来的所有人都不如他的胡子懂得多。他的这种性格当然非常容易得罪人，所以，直到他去世都没人愿意出版他的著作。他的文稿在他去世 20 年后才得以出版，而且得到了广泛的重视。

他在炼金术领域倡导了一种新的研究倾向，鼓励炼金术士关注人们对药物的需求。他打破了前人只用植物入药的习惯，转而把药物的研究扩展到了矿物，从此，矿物也可以入药了。在用矿物炼药的过程中，他观察到了很多化学反应，并开始关注物质的化学性质，这一点对于近代化学的发展非常重要。

图 11-1　帕拉塞尔苏斯

想象一下炼金术士的工作间，在我们的头脑中一定会出现的画面就是一个满脸尘土、浑身脏兮兮的人蹲在一个炉子边，而他的周围环绕着火和不断腾起的浓烟。因此，在化学兴起之初，首先让人关注到的问题就是气与火的问题。

在帕拉塞尔苏斯开启的研究之路上，随后出现了赫尔蒙特，他对化学的重要贡献是提出了气体的概念。这在当时是非常了不起的。空气看不见抓不住，因此古代的人们自然认为空气是

图 11-2　炼金术士

一种单一的成分。但是赫尔蒙特却发现，气体也分很多种。有的气体可以燃烧，有的气体不能燃烧，他还把不能燃烧的气体称为"野气"。你能猜猜什么是野气吗？其实就是我们现在所说的二氧化碳。你呼出的气体当中就有二氧化碳。

1627年，波义耳出生了。我们在课本里学到的波义耳定律就是他发现并以他的名字命名的。波义耳定律的内容是：在固定温度下，密封容器里气体的体积和压强成反比。

而在化学方面，从波义耳开始，化学才脱离了工匠和炼金术士的"领土"，登堂入室成为一门真正的学科。他的著作《怀疑的化学家》标志着化学开启了新的纪元。在这本书中，波义耳批评了亚里士多德的四元素说，他认为整个世界只由四种元素构成是根本不可能的。在批评的基础上，波义耳提出了自己的元素定义，他认为，"元素是简单而原始的物体，它们不能由其他的物体组成，也不能通过彼此的混合而组成，这些元素组合在一起可以形成别的结合物，而结合物最终还可以分解成这些元素。"波义耳所说的元素就和我们现在的元素概念基本相似了。此外，他还发现了燃烧的过程需要空气，差一点就能够发

图11-3　波义耳

现氧气了。在实验的过程中,他不仅意识到了燃烧需要部分空气,而且意识到了动物的呼吸也需要部分空气,但遗憾的是,他不知道这两种空气是相同的。

燃素

火是生活中随处可见的东西,但是为什么会燃烧呢?如果是你,你会怎么解释这个过程呢?也许你会发现,如果点燃一张纸,剩下的纸灰似乎要比原来的纸轻些。在没有暖气、没有空调的年代,很多人都用木头来取暖,木头烧完也比原来轻了。这个现象不难发现。而且烧剩下的东西一般很难再次点燃。所以,当时的人们就产生了这样的想法:燃烧过程使得什么东西消失了,而且一旦失去了这种东西,剩下的部分就很难再燃烧,所以这种东西对于燃烧来说很重要。人们把想象中的这种东西叫作"燃素"。

首先提出燃素想法的人是德国人贝歇尔。他认为土可以分为三种,分别是玻璃状土、油状土、流质土。在燃烧的过程中,油状土离开了,只剩下了不易燃烧的玻璃状土。而他的学生把油状土称为"燃素",并提出了一套以燃素为中心的学说。燃素是物体可以燃烧的原因,燃烧过程就是燃素的释放过程,空气中的"燃素中和剂"吸收了释放出来的燃素,一旦燃素完全释放,燃烧过程也随之结束。

虽然燃素说可以解释很多燃烧现象，但是也存在一个很重要的问题，那就是燃素是否有质量。虽然很多物体在燃烧过程中质量减少，但是还有一些东西，比如有些金属在燃烧的过程中，质量却是增加的。那么，燃素应该是正的质量还是负的质量呢？这个问题一直困扰着相信燃素说的学者，也一直没有得到真正的解决。

虽然我们现在知道燃素的说法是不对的，但是不能否认的是，用想象出来的这种物质确实可以解释很多燃烧的现象。科学的确讲究实事求是，但在具体的过程中，丰富的想象力也是必不可少的，甚至可以说，科学就是在猜测中前进的。牛顿提出万有引力的时候难道就真的看到万有引力了吗？从本质上说，万有引力理论与燃素说没有什么差别，都是通过推论去解释物质世界的现象。只是，进一步的研究证明，万有引力理论猜对了，而燃素说猜错了，仅此而已。

一系列气体的发现

自赫尔蒙特以来，人们知道了气体其实可以有很多种。但是气体看不到抓不住，要研究它们首先必须得控制住它们。直到18

世纪，人们才发明了收集它们的方法。从此，人们对气体的认识有了爆发式的增长。

1727 年，英国人黑尔斯发明了能够收集气体的好方法——排水法。这个办法在我们今天的化学实验室里也是常用的。他还发现，隔绝空气加热一些固体和液体可以得到气体，这说明固体和液体里似乎可以有气体。

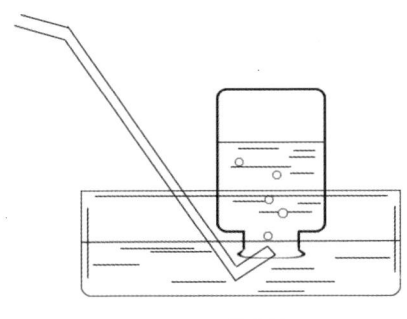

图 11-4　排水法

1752 年，英国人布莱克发现，包括石灰石在内的很多固体都可以通过加热的手段产生气体，进一步印证了黑尔斯的想法。他还把这种气体叫作"固定空气"，因为这一气体是从固体里出来的，也就是赫尔蒙特所说的"野气"——我们现在所说的二氧化碳。在此之后，氢气、氯化氢、氮气、二氧化硫、一氧化碳、二氧化氮等一系列的气体被分离了出来。

1774 年，英国著名科学家普利斯特列在加热红红的氧化汞时，收集到了一种不溶于水，但是能够让蜡烛烧得更剧烈的气体。这种气体就是我们现在所说的氧气。不过，普利斯特列是燃素说的忠实粉丝，所以他把这种气体称为"脱燃素空气"。因为根据燃素说，空气的作用是吸收释放出来的燃素，而这种气体之所以能够使燃烧更剧烈，一定是因为吸收燃素的能力很强，也就是说，这种气体非常缺乏燃素。就在这一年，普利斯特列去了巴黎，并碰到了拉瓦锡。他告诉了拉瓦锡关于"脱燃素空气"（氧气）的那个实验。无论是他发现的"脱燃素空气"（氧气）还是他本人，对拉瓦锡发现氧化反应，最终推翻燃素说都有着非常重要的作用。但讽刺的是，普利斯特列一生都坚信燃素说，至死都没接受拉瓦锡的氧化说。

所以现代著名科学家普朗克曾经说过一句虽然无奈但是却很精辟的话——"一个新的科学真理取得胜利并不是通过让它的反对者们信服并看到真理的光明，而是通过这些反对者们最终死去，熟悉它的新一代成长起来而实现的。"人们有时也把这句话称为另一个"普朗克定律"。

链接

气体研究的副产品——苏打水

你一定喝过苏打水，口感还不错是不是？但是，你知道吗？苏打水就是普利斯特列研究"固定气体"（二氧化碳）的副产品。

1767年，普利斯特列搬了一次家。在新家的旁边，刚好有一家啤酒厂。做啤酒需要经过粮食的发酵过程，而在这个过程中产生了一种气体。普利斯特列对这种气体产生了浓厚的兴趣。经过一系列的努力，他发现，除了发酵谷物，还有其他一些方法也能产生这种他称之为"固定空气"的气体。而且，水中还可以少量地溶解这种气体。有一次，他一时兴起，端起溶解了这种气体的水尝了一下，结果惊奇地发现，味道还不错。他非常高兴，加紧了研究的步伐，并于1772年发明了"苏打水"。从此，苏打水诞生了，并逐渐得到了大家的喜爱。

图 11-5　苏打水

拉瓦锡与燃素说的破灭

1743年8月26日，拉瓦锡出生于法国一个富有的家庭。他的父亲是位大律师，在大学的时候，拉瓦锡的主业是法律。但是，和很多科学家一样，拉瓦锡更喜欢的是自然科学。1767年，24岁的拉瓦锡提交给法国科学院一篇关于比重计的文章，这篇文章得到了很多科学家的认可，拉瓦锡也因此进入了法国科学院。进入法国科学院的意思基本上可以等于现在我们所说的被选为院士了。试想一下，24岁的年轻人，在现代不过刚获得硕士学位，而拉瓦锡在这个年纪已经成了院士，由此可见，他的才华是多么出众！拉瓦锡的研究路线和其他人有很大的差别，他非常重视数量。也许正是因为选择了一条与众不同的路，拉瓦锡看到了其他科学家没能注意到的新风景。

在拉瓦锡的时代，燃素说非常盛行，但燃素说也不是万试万灵，总有一些实验现象很难解释，比如一些金属在燃烧之后质量增加而不是如燃素说所预测的那样质量减少。拉瓦锡注意到了这些"不合时宜"的实验，并重复了这些实验。

为什么会出现这种情况呢？为了回答这个问题，他设计了一个新实验。先把铅和锡放入一个密闭的玻璃容器里，并称了它的质量。之后，对这个容器进行加热。在金属的表面很快出现了灰蒙蒙的灰状物。燃烧结束之后，他再一次称了这个密闭的容器。结果发现，质量在燃烧前后并没有发生变化。但从之前的实验中，拉瓦锡已经知道了铅和锡在燃烧后质量是增加了的,那么这次的实验就意味着空气的质量减少了。在打开容器的瞬间,明显能够听见空气"咻"的一声涌入,容器的质量也瞬间增加了。这说明,空气参与了燃烧过程,而不是如燃素说所认为的,空气只是吸收了燃素。在当时,拉瓦锡已经意识到了燃素说存在问题。但是,他还不清楚究竟是空气中的什么参与了燃烧过程。

不久之后,拉瓦锡见到了普利斯特列,得知他发现了一种"脱燃素空气"。拉瓦锡非常高兴,重复了这一实验,并把这种气体称为"宜于呼吸的空气",之后才改为我们现在的叫法——"氧气"。在不太长的时间里,拉瓦锡就意识到了氧气就是参与燃烧的那种空气成分,而燃烧就是氧气与其他物质结合在一起的过程,也就是说,燃烧是氧化的过程。之后,拉瓦锡宣布了这一伟大的发现。有趣的是,虽然他的文章已经彻底击败了燃素说,但这位浪漫的法国人显然觉得还不够,似乎还缺少些什么。为了弥补这点缺憾,1783年的一天,拉瓦锡让他美丽的妻子装扮成一位女祭司,当着很多人的面烧掉了燃素说的经典著作,为燃素说举行了一场正式的送葬仪式。

除了氧化理论,拉瓦锡对化学的另一个重要贡献是完成了《化学命名法》和巨著《化学纲要》。在书中,拉瓦锡提出,所有的化学物质都可以归入元素和化合物这两个种类。其中,元素指的是简单的,目前不能再分解的物质。也就是说,拉瓦锡眼中的元素不再是有限的几种,而可以是很多种。与我们现在的元素周期表不同,拉瓦锡的元素表中还包括非实体的东西,比如"热"和"光",因为拉瓦锡认为它们也是可衡量但是不可再分的,所以热被称为

"热素"。拉瓦锡对元素的研究止步于此，没有进一步探索元素究竟是什么东西。直到后来，英国科学家道尔顿提出了元素的本质就是不同原子的假说。

图 11-6　拉瓦锡与妻子

谁能想到，这样一位才华横溢、踌躇满志的科学家将不久于人世呢？拉瓦锡被处决后，著名科学家拉格朗日曾经悲愤地说，砍掉拉瓦锡的脑袋只需要几秒钟，但谁知道要多长时间，法国才能再长出这样一颗聪明的脑袋呢？

链接

拉瓦锡之死

当拉瓦锡的科学研究进行得风生水起，科学事业逐步登上高峰的时候，法国大革命爆发了，属于拉瓦锡的时代也戛然而止。1794 年 5 月 8 日，拉瓦锡被送上了断头台，一个伟大的科学家就此逝去。

事情的起因是拉瓦锡入股了当时的包税公司，也就是

链接

替国家向国民收税的公司。包税公司为了完成税额并保障自己的利益，使用了很多不正当的手段，引起了平民的不满。爱屋及乌当然也会恨屋及乌，拉瓦锡本人虽然并没有参与征税，但是因为他是包税公司的股东，所以也没能逃脱被抓的命运。因为他著名科学家的身份，当时的很多人为拉瓦锡求情，但负责审判的官员却丝毫不为所动，甚至说出了"共和国不需要学者"这种话。

据说，拉瓦锡的死还与另外一位名人有关，那就是马拉。这个人是法国大革命中的重要人物。即使你没有听过他的名字，你也一定见过下面这幅画。画中的主角就是马拉。有人说，马拉在投身革命之前也很喜欢科学。有一次，他写了一篇文章投给了法国科学院，当时评审这篇文章的人正是拉瓦锡。但是他的文章很显然没能入得了拉瓦锡的眼。从此，马拉就恨上了拉瓦锡。在拉瓦锡被捕之后，马拉就开始煽风点火，想把拉瓦锡推上绝路。但讽刺的是，马拉被暗杀，反而死在了拉瓦锡的前面。

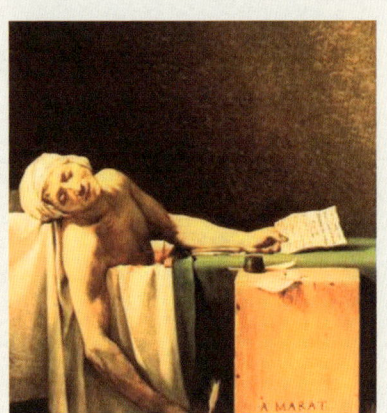

图 11-7　马拉之死

第 12 章

转化与统一
——物理学的飞跃

科学的足迹

由电生磁

图 12-1　奥斯特

1777 年，奥斯特出生了。年轻的时候，奥斯特深受康德哲学学派的影响。当时，康德哲学的社会影响力很大，不仅是哲学家，就连一些科学家也深深折服。对于自然界，康德认为自然界存在一种普遍的联系，问题就是这些联系是什么。

由于喜欢康德哲学，奥斯特希望能够在不同的物理现象之间找到某些共通之处。在此之前，有的学者曾经发现，电与磁似乎有些关系，因为一些电现象有时会伴随着磁现象，但到那时为止，没有人能够说清这种关系究竟是什么。

这一问题深深地吸引着奥斯特，他做了很多实验，但毫无例外地都失败了。但他不死心，继续探索着电与磁的关系。天道酬勤，上天终于把机会送到了他面前。

在一次授课的过程中，奥斯特偶然接通了电流，令他惊奇的是，附近的小磁针居然动了，虽然只动了一下，但只这一下就让他欣喜若狂。下课之后，奥斯特又重复了很多次实验，最终发现了由电生磁的规则。1820年，奥斯特发表了一篇论文，公布了他的发现。这篇论文迅速引起了学术界的关注。紧接着，法国物理学家安培进一步完善了电与磁之间的关系，提出了著名的安培定则。这也是中学课本中的重要内容。

也许你认为奥斯特的实验很简单，也许你感叹奥斯特的好命，甚至觉得他简直就是被天上掉下来的馅饼砸了个正着。但是，假设观察到小磁针动了一下的人是你，你能够明白这一下的含义吗？换句话说，你确定你能够抓住这个机会吗？所以说，机会总是留给有准备的人。而我们往往看到了机会，却忽视了奥斯特在此之前所付出的巨大努力。

由磁生电

自奥斯特之后，人们知道了电可以生磁。那么，接下来，很自然要问的问题是，磁是否可以生电？在法拉第之前，不少科学家已经开始研究这一问题，但命运显然没有眷顾他们。

这次的幸运儿是英国物理学家法拉第。"幸运"这个词用来形容成名之前的法拉第似乎有些讽刺，他在科学道路上的第一桶金来得着实不易。不知道你是否有这样的印象，那个年代及更早时期的科学家出身似乎都不差，父亲不是贵族就是富豪，即使如哥

图 12-2　法拉第

白尼那样没有父亲的孩子也基本都能得到有权有势的亲戚的照拂。在那个年代，还没有义务教育，教育的成本很高，只有家境不错的孩子才有机会获得良好的教育。而良好的教育毫无疑问是成为科学家的第一步。

但是法拉第是个另类。他出身于清贫甚至算得上赤贫的家庭，他的爸爸是个手艺人，那点微薄的收入要养活10个孩子，根本没钱让法拉第接受好一点的教育。迫于家庭状况，法拉第在学会了读写之后便辍学了。从13岁开始，法拉第就不得不为生计奔波。1805年，他做了印刷厂装订工序的学徒工。这份工作的一点额外福利就是可以接触到书籍。在得空的时候，少年法拉第便会阅读书中的内容，而书中关于科学的内容深深地吸引着他。在那样艰苦的条件下，他甚至还想方设法搞了点小实验。

1812年，当时英国著名的科学家戴维举办了一次系列讲座。法拉第有幸去听了讲座，并做了详细的记录。与从事科学研究相比，他的装订工工作真是艰难、乏味得很。于是，他尝试着给戴维写了一封自荐信，其中特别提到了自己参加过他的讲座。戴维当然很高兴收到听众来信，不过也没有给法拉第进入科学实验室的机会。但是，不久之后，机会来了。戴维的一位助手离开了，实验室空出了一个位子。法拉第在得知戴维

第 12 章
转化与统一

图 12-3　法拉第的实验室

同意雇用他之后，兴冲冲地来到了实验室，开始了他的科学生涯——从洗瓶子开始。

虽然法拉第没有受过足够的教育，但是他的动手能力很强。短短几年，法拉第就发表了学术文章，并逐渐在科学领域站稳了脚跟。1824 年，法拉第被选为英国皇家学会的会员，相当于现在的院士。一年之后，皇家研究院聘任他为实验室主任。

法拉第很早就开始了他由磁生电的发现之旅。和奥斯特一样，法拉第也相信不同的物理现象之间是有联系的，他坚信磁可以生电。虽然他的这份坚持还没有得到证据的支持，但是如果没有坚定的信念，他要如何从不断的失败当中重新抖擞精神呢？所以信念有时也蕴含着了不得的力量。

1831 年 8 月 29 日，命运之神终于眷顾了法拉第。这次的实验是把两个线圈缠在一个软铁环上，当一个线圈通电和断开的瞬间,另一个线圈上的电流计出现了变化。这意味着什么?法拉第通过进一步的研究终于发现,这意味着磁可以生电!又经过了一系列的实验,法拉第终于确定磁可以生电。1831年11月24日,法拉第提交了他的论文,宣布了这一重大发现。

知道了磁生电的方法又怎么样呢?最直接的好处就是可以发电了。法拉第在发现磁可以生电后不久,便制造了一台发电机,只是比较简单,发电的效率也不高。但无论有多少缺点都掩盖不了法拉第圆盘发电机对人类的意义。

成名之后的法拉第始终不忘初心。无论金钱还是地位都无法撼动他对科学的热爱。他一边勤奋地从事科学研究,一边还坚持举办面向公众的科学讲座,希望有更多的人喜欢上科学,也希望更多的孩子有机会接触到科学这项神圣的事业。法拉第是一位很

图12-4 法拉第举办讲座

不错的演讲者，威尔士王子、作家狄更斯等社会名流都曾参加过他的讲座。1862 年 6 月 20 日，法拉第举办了他人生的最后一次讲座。

从 1838 年起，法拉第的身体状况就开始走下坡路，但他还是离不开钟爱一生的事业。随着病情的不断恶化，清晰的思维能力越来越难得，需要创造力的研究工作已经超出了他的能力范围，但他还是坚持做些力所能及的事情。直到 1867 年 9 月 22 日，这颗疲惫不堪的头脑终于永远地睡去了。

能量——转化的背后

天冷的时候，我们总是习惯搓搓手，然后身体似乎就暖和了一点，这是为什么呢？很多同学都知道原因，那是因为摩擦可以生热，也就是运动和热是可以相互转化的。回到温暖的家，喝一口热水，感觉也是相当的惬意，那么水是如何变热的呢？如果使用的是电热水壶，那么热就是由电转化而来的，如果使用煤气灶或者天然气灶，那么热能就是由可燃气体的化学能转化而来的。

不过，在近代科学发展之初，机械运动、热、电、磁、化学、光等现象都是被分开研究的，很少有人意识到它们之间有什么联系。

自 19 世纪以来，科学家开始意识到之前截然分开的现象之间是存在联系的，比如电与磁、电与热等等。人们发现这些现象之间是可以相互转化的。为什么它们之间可以相互转化？木头桌子可以变为木头凳子，还可以变为木屑或木板，原因是它们本质上都是木头。如果机械运动、热、电、磁、化学、光这些现象如木头桌子、木头凳子、木屑、木板一样可以相互转化，那么是不是意味着它们的背后也存在着如木头一样的某种统一的东西？

  对于这个问题，很多科学家从不同的角度给出了差不多的答案。

  1840年，在一艘远航的船上，迈尔医生发现一些船员的静脉血比较红，甚至和动脉血的颜色差不多。迈尔医生觉得很奇怪，这是为什么呢？对这个问题的思考让他开始注意不同现象之间的转换。1842和1845年，他写了两篇文章，认为不同类型的能量之间可以相互转化，且总量一定，生物世界和自然的世界一样遵守这一法则。但是，他的主业是医生，严格地说，迈尔不属于科学家的圈子，也不太了解科学论文的流行写法，所以他的文章显得特别的格格不入。文章的发表没有为迈尔带来声望和尊重，反而带来了冷嘲热讽。在两个孩子先后去世、弟弟被捕、自杀失败等一连串不幸的打击之下，迈尔疯了。还好，上天没有让他的生命一直灰暗下去。迟暮之年，迈尔的贡献终于得到了科学家的认可，他本人也得到了应有的敬重。1871年，英国皇家学会授予他科普利奖章。

  另一位发现者是大名鼎鼎的焦耳。因为他卓越的科学贡献，人们用他的名字命名热量的单位——"焦耳"。他从小喜欢实验，父亲老焦耳也很开明，更重要的是老焦耳是个很有钱的商人，完全有能力让儿子发展自己的兴趣，甚至在家里专门给儿子建了实

第12章
转化与统一

验室。他的老师也是位了不起的人物,那就是提出了近代原子理论的著名科学家道尔顿。1840年,也就是我国爆发第一次鸦片战争的那一年,焦耳提出了著名的焦耳定律,说的是电流发热的规则。我们家里的电熨斗、电烤箱、电热毯之类用电生热的设备都是电流发热现象的实际应用。在之后的一篇文章中,焦耳在实验的基础上,说出了有能量守恒定律意味的话。

但是,焦耳的遭遇和迈尔差不多。他也不是专业的科学家,而是接手了父亲产业的生意人,因此他的发现受尽了专业科学家的冷眼,他的重要发现被科学刊物拒绝刊载,而只能在非专业报刊上发表。直到在一次科学会议上,他终于被勉强给了一次作口头报告的机会。本来他的报告也很难得到与会科学家的重视,但是一位福星出现了,他就是后来的开尔文勋爵,绝对温度的单位K就是以他的名字命名的。在焦耳结束报告之后,当时还很年轻的开尔文站起来对他的报告进行点评,赞美之意溢于言表。开尔文的发言让更多的科学家注意到了焦耳的伟大发现。

为能量守恒定律作出重要贡献的还有一位德国的科学家——赫姆霍兹。他的爸爸是个哲学方面的教授,因此赫姆霍兹受当时流行的康德哲学的影响,深信自然界各种现象的背后存在着某种统一的东西。他找到的"统一的东西"就是能量。在一篇文章中,他把能量守恒定律用数学的形式准确地表达了出来,并把这一定律推广到了各种不同的学科中。

在这些科学家的不懈努力之下,能量守恒定律终于被大家接受,同时也证明了不同自然现象背后确实有着更统一的存在。并且,这一发现也把相互分离的学科联系在了一起。

第 13 章

生物是哪来的?
——物种的起源

"差生"的满血复活之路——达尔文

1809 年，达尔文出身于英国一个医生世家。他的爸爸是一位著名的医生，妈妈也出身于文化底蕴比较深厚的家庭。他的爷爷更加了不起，不仅医术高明，而且对于生物学也相当有研究，曾写过如《动物学》之类的学术著作。在这些著作中，达尔文的爷爷已经提出了类似于进化论的想法。而达尔文的外公喜爱瓷器，在收藏界很有名气，与达尔文的爷爷也是老熟人，两人都曾是英国著名科学社团"月亮学会"的会员。

和很多幼年就聪慧异常的科学家（比如波义耳）不同，年少的达尔文实在是乏善可陈，甚至可以说是极不着调。玩心极重，成绩不好，整天只知道打鸟、遛狗、抓兔子。他的爸爸对这个整日除了玩还是玩的儿子很无奈。为了让达尔文能有个不错的将来，他爸爸把他送到了爱丁堡大学，希望他学成后能够成为一名医生，延续家族的传统。但爸爸又一次失望了，因为达尔文并不喜欢医学。爸爸再次妥协，又把他送到著名的剑桥大学学习神学，希望他能够找到一份社会声

图 13-1　达尔文

望和地位都不错的教职。不过，达尔文对神学也没什么兴趣。这一次，爸爸终于怒了。但发怒又能怎么样呢？达尔文还是有一搭没一搭地学着。

虽然主业没什么起色，但是达尔文的副业却搞得有声有色。无论是在爱丁堡大学还是在剑桥大学，他认识了不少动物学和植物学方面的学者，也积累了不少生物学方面的知识。很搞笑的是，达尔文的神学学位是在植物学家的指导下拿到的。不得不说，达尔文的智商还是很高的，只是最后认真学习了一年就在178名学生之中考到了第10名。

拿到学位之后，达尔文没有如爸爸所期望的那样找一份牧师的工作，而是去听了地质学家塞奇威克的课程，还参加了塞奇威克组织的地质考察活动，学到了很多有用的知识。1831年8月，英国"贝格尔号"军舰即将启程进行科学考察，计划招募一位博物学家。达尔文听到这个消息很高兴，但是他爸爸很不高兴，因为达尔文再一次偏离了他的计划。好在达尔文有个很开明的舅舅，他帮达尔文劝服了爸爸，才让这位后来的世界著名科学家开启了他一生中最重要的旅行。

在长达5年的旅途中，达尔文克服了重重困难，包括晕船症，考察了很多地方并收集了大量的标本和化石，这些材料为之后进化论的提出铺平了道路。

1836年10月，"贝格尔号"军舰重新回到了英国。让他爸爸惊喜的是，达尔文终于找到了那个"正确的"事业，终于不再吊儿郎当了。对于达尔文所热爱的事业，他的爸爸和舅舅坚决地支持他，两个人给了他不少钱，让他能够心无旁骛地钻研他的学术。

1859年，著名的《物种起源》出版了。这本书一出版就获得了巨大的社会反响，仅在第一天，第一版的所有图书就被抢购一空。

虽然《物种起源》进一步提升了达尔文的社会声望，但也为他带来了无穷无尽的批评与质疑。不过，达尔文天性温和，并没有卷入太多的纷争，也没有因批评受到实质性的伤害。在他生命的最后一段时间，进化论已经得到了比较广泛的认同。1882年4月19日，伟大的达尔文离世了。人们为了表达对他的敬重，把他葬在了同样伟大的牛顿身边。

进化论与达尔文

虽然一提到进化论，大家马上想到的是达尔文，但这并不意味着进化论完完全全是由达尔文提出的。早在达尔文之前，不少学者已经有了大体类似的想法。

由于基督教的影响，达尔文之前的大多数西方人都认为物种是不变的，因为《圣经》里说世界上的所有东西都是上帝在六天之内做出来的。但是也有一些人对物种不变的说法有疑惑，比如18世纪法国的生物学家布丰。他发现很多动物身上都有一些已经没有用的器官，比如一些动物的侧趾。布丰认为，完美而理性的上帝是不会造出这些没有用的器官的,所以物种是变化的。进化的想法给他带来了宗教上的麻烦,无论他的真实想法是什么,强大的教会最终迫使他宣布放弃进化的思想。

不久之后,进化的思想在另一位法国生物学家拉马克那里得到了进一步的发展。拉马克认为生物总体上是按照从低向高的顺序进化的,这和我们现在的想法差不多。但是生物究竟是如何实现进化的呢?拉马克举出了长颈鹿的例子。按照他的想法,之前的某种生物为了吃到树叶,不断地伸脖子,所以脖子一代比一代长,最后就形成了新的物种——长颈鹿。

达尔文虽然支持进化的观点,但是他对进化是如何实现的问题有新的想法。1838年的一天,达尔文读到了一本英国著名经济学家马尔萨斯所写的《人口论》。在这本书中,马尔萨斯提出,因

图13-2 长颈鹿吃树叶

为生育过剩和食物有限，人类的历史就是竞争生存机会的历史。这个观点启发了达尔文，让他不禁思考动物界是否也是如此呢？结合之前那些丰富的资料，达尔文提出了他的进化论，简单来说就是自然选择。同样是长颈鹿的脖子，按照达尔文的学说，应该是这样解释的：在某种鹿的种群里，每一代都有一些变化，但这些变化并不是如拉马克所说的有一个特别的方向，而是各个方向的变化都有，比如有些鹿脖子长，有些鹿脖子短。但脖子长的鹿能够吃到长在更高处的树叶，活下来的机会更大，而长脖子的变化被后代继承，它的后代生存下来的机会也更大，所以向脖子长的方向进化的那部分鹿在严酷的自然条件下存活了下来，形成了长颈鹿这个物种。

进化论的问题

正如罗马不是一日建成的，进化论也不是单凭达尔文一人之力能够完全确立的。《物种起源》发表之后，反对方也提出了强有力的质疑。质疑主要集中在两个问题上：其一，生物进化需要的时间；其二，生物的进化方式。

生物进化当然需要漫长的时间，千万年的时光在物种演化的进程中也不算很久。但这只是现代人习以为常的想法。在达尔文

第13章

生物是哪来的？

提出进化论的时候，人类并不知道地球的年龄有多大。当时的推算依据有很多种。比较流行的观点是根据《圣经》的记载推出的，认为地球是在公元前4004年形成的，那么地球的年龄大概只有6000岁。另一种观点是从热力学的角度提出的，代表人物是那位著名的开尔文勋爵，他假设地球是从一个非常热的状态逐渐冷却到现在的样子，通过推算，地球的年龄应该在2000万年到4亿年之间。但是，这两个推算无论哪个是正确的，对于达尔文进化论所需要的时间来说，都太短了。直到后来，人们才意识到，开尔文算错了。而新的证据证明，地球要比《圣经》的记载和开尔文的计算古老得多。一般认为，地球的年龄在43亿年到46亿年之间。新的地球年龄显然足够生物完成进化的过程，至少与达尔文的进化论没有明显的冲突。

对于第二个问题，我们现在知道是基因这种遗传物质把上一代的变异传递给下一代，让后代可以保持这一变异特征，比如长颈鹿的长脖子。但是，当时还没有发现遗传物质，更没有发现基因这种东西。反对者提出，假设群体中的某个个体产生突变，那么在一代又一代的交配中，这个突变的特征也会逐渐被稀释变弱，就如同一把糖撒在一个游泳池里。在当时，达尔文没有办法解释为什么某一个突变的特征可以在一代一代的繁殖过程中保持不变，甚至得到进一步的发展。之后，历史又开了一个玩笑。虽然达尔文的进化论沉重地打击了基督教，但是解决进化论这个重要问题的人却恰恰是一位把一生都献给上帝的修道士——孟德尔。孟德尔通过杂交实验提出了遗传的规律，告诉人们遗传不是一个简单的混合，某个特征不会因为一代一代的繁殖而被稀释。

解决了这两个问题之后,达尔文的进化论变得更有说服力,并逐渐获得了人们的认可。

链接

人与猴子

最初,在著名的《物种起源》中,达尔文避而不谈人的起源,而只谈动物的起源。达尔文甚至希望关于人类起源的问题由别的学者来提出,比如和他几乎同时提出进化论的华莱士。但是,华莱士根本不相信人如动物一样是进化而来的。无奈之下,达尔文只好又写了一本《人类的由来及性选择》,专门讨论人的进化过程。

作为现代人,我们会觉得人和猴子有共同的祖先是件很显然的事。你可能觉得这有什么好避讳的呢?但是,当时的西方人不这样想。按照基督教的说法,上帝是按照自己的样子创造了人类的始祖——亚当和夏娃,如果人和猴子有共同的祖先,难道说亚当和夏娃,甚至连上帝都是更低等的猴子?

图 13-3　讽刺达尔文的漫画

链接

　　另一个方面是个人的情感问题。当时的很多人不能接受自己和猴子是同一祖先的事实，因为人类认为自己是万物灵长，是神在世间的代理人。但是，突然之间，进化论告诉他们，人与万物是同源的，人并不比万物高贵，这种落差实在是太大了。

　　正因为如此，达尔文对于人类起源的问题慎之又慎。但无论如何，达尔文最终鼓起勇气，阐明了人类的起源问题。